苦荞栽培实用技术

肖诗明 李 静 巩发永 编

西南交大出版社

·成 都·

图书在版编目（ＣＩＰ）数据

苦荞栽培实用技术 / 肖诗明，李静，巩发永编. —
成都：西南交通大学出版社，2020.1
ISBN 978-7-5643-6704-6

Ⅰ. ①苦… Ⅱ. ①肖… ②李… ③巩… Ⅲ. ①荞麦 –
栽培技术　Ⅳ. ①S517

中国版本图书馆 CIP 数据核字（2018）第 290038 号

Kuqiao Zaipei Shiyong Jishu
苦荞栽培实用技术

肖诗明　李 静　巩发永　编
责任编辑　牛 君
封面设计　何东琳设计工作室

出版发行　西南交通大学出版社
　　　　　（四川省成都市金牛区二环路北一段 111 号
　　　　　西南交通大学创新大厦 21 楼）
发行部电话　028-87600564　87600533
邮政编码　　610031
网址　http://www.xnjdcbs.com
印刷　　四川煤田地质制图印刷厂

成品尺寸　　146 mm×208 mm
印张　3.75
字数　80 千
版次　2020 年 1 月第 1 版
印次　2020 年 1 月第 1 次
书号　ISBN 978-7-5643-6704-6
定价　20.00 元

前　言

　　荞麦起源于中国，在世界各地被广为栽培利用。荞麦属蓼科，是唯一用作粮食的蓼科植物。荞麦有两类栽培种：甜荞（Fagopyum esculentum）和苦荞（F. tataricum）。甜荞在世界各地广为栽培和利用，主产国和主消费国有中国、日本、韩国、尼泊尔、不丹、印度、俄罗斯、乌克兰、白俄罗斯、波兰、匈牙利、斯洛文尼亚、意大利、加拿大和美国等。苦荞多种植在生产条件极差的贫苦、冷凉、高海拔、无污染、欠发达的高原地区，广泛分布于亚洲的高海拔地区。在我国主要集中在长江以南的云南、四川、贵州和西藏等地省（自治区），是种植区人民的主要食粮之一，甘肃、陕西、山西等省亦有少量种植，全国常年种植面积在 $5.0 \times 10^5 \ hm^2$ 以上。

　　本书重点介绍了苦荞的营养价值、苦荞的生物学特征、苦荞的分布及生态区划分、苦荞的主要农艺及经济性状、苦荞品种选育与推广、苦荞栽培技术、收获与贮藏、苦荞食用方法及加工品、苦荞栽培相关标准等内容。对从事苦荞种植的基层农业科技人员、广大农民及高等院校从事苦荞栽培研究的学者具有一定参考价值。

本书在编写过程中，参考了国内权威著作，注意编写内容的实用性和可操作性，使初学者阅读之后也能获益。

由于编者的水平和经验有限，书中缺点在所难免，敬请批评指正。

编　者

2019 年 5 月

目　录

绪　论

　　苦荞 [F.tataricum(L.)　Gaertn]亦称鞑靼荞麦，英文名 tartary buckwheat，为荞麦属中仅有的两个栽培种之一。苦荞多种植在生产条件极差的贫苦、冷凉、高海拔、无污染、欠发达的高原地区，广泛分布于亚洲的高海拔地区。在我国主要集中在云南、四川、贵州和西藏等省（自治区），是种植区人民的主要食粮之一，甘肃、陕西、山西等省亦有少量种植，全国常年种植面积在 $5.0×10^5$ hm² 以上。

　　苦荞的根为直根系，由胚根发育的主根垂直向下生长。在主根上产生的根为侧根，形态上比主根细，入土深度不如主根，但数量较多，可达几十至上百条。侧根不断分枝，并在侧根上又产生小的侧根，增加了根的分布面积。此外，在靠近土壤的主茎上，可产生数条不定根，多时可达几十条。这两种根系构成了苦荞的次生根系，它们分布在主根周围的土壤中，对植株支持及吸收水分、养分起着重要作用。苦荞的根系入土浅，主要分布在距地表 35 cm 左右的土层里，其中以地表 20 cm 以内的根系较多，占总根量的 80% 以上。因此，土壤耕层水分、养分、播种措施及栽培技术等都会影响根系的发育。

　　苦荞茎为圆形，稍有棱角，茎表皮多为绿色，少数因含有花青素而呈红色。节处膨大，略弯曲，表皮少毛或无毛。

幼茎通常是实心的，当茎变老后，髓部的薄壁细胞破裂形成髓腔而中空。主茎直立，高 60～150 cm，因品种及栽培条件而有差异。茎节数一般为 18 节，多在 15～24 节。除主茎外，还会产生许多分枝。通常苦荞的一级分枝数为 3～7 个。其分枝数除受品种遗传性状决定外，与栽培条件和种植密度有密切关系。

苦荞的叶有 3 种类型，子叶、真叶和花序上的苞片。子叶是其种子发育时逐渐形成的，共有两片，对生于子叶节上，其外形呈圆肾形，具掌状网脉，大小为 1.5～2.2 cm。子叶出土时初为黄色，后逐渐变为绿色或微带紫红色。苦荞的真叶属完全叶，由叶片、叶柄和托叶组成。叶片浅绿至深绿色，为卵状三角形，顶端急尖，基部心脏形，叶缘为全缘，脉序为掌状网脉。叶柄起着支持叶片的作用，绿色略带紫或浅红，其长度不等，位于茎中下部的叶柄较长，往上则逐渐缩短，直至无叶柄。叶柄在茎上互生，与茎的角度常成锐角。叶柄的上侧有凹沟，凹沟内和边缘有毛，其他部分光滑。托叶合生为鞘状，膜质，称托叶鞘，包围在茎节周围，其上被毛。

苞片着生于花序上，为鞘状或片状、半圆筒形，绿色，被微毛，基部较宽，上部呈尖形，将幼小的花蕾包于其中。苦荞的花序为混合花序，总状、伞状和圆锥状排列的螺状聚伞花序，花序顶生或腋生。每个螺状聚伞花序有 2～5 朵小花。每朵小花直径 3 mm 左右，由花被、雄蕊和雌蕊等组成。花被一般为 5 裂，呈啮合状，花被片长约 2 mm，宽约 1 mm，浅绿或白绿色。雄蕊 8 枚，呈两轮环绕子房，外轮 5 枚，内轮 3 枚，相间排列。花药似肾形，有两室，呈紫红、粉红等色，每个花药内的花粉粒数目 80～100 粒。雌蕊由三心皮联合组成，子房三棱形，上位，一室，柱头、花柱分离。柱头膨大为球状，有乳头突起，成熟时有分泌液。苦荞的雌蕊长度与花丝等长，约 1 mm。

　　苦荞种子为三棱形瘦果，表面有 3 条深沟，先端渐尖，5 裂宿萼，由革质的皮壳（果皮）所包裹。果皮的色彩因品种不同有黑色、黑褐色、褐色、灰色等。果实的千粒重[①]为 12 ~ 24 g，通常为 15 ~ 20 g。果皮内部含有像果实形状一样的种子，主要由种皮、胚和胚乳三部分组成。种皮很薄，分为内外两层，分别由胚珠的保护组织内外珠被发育而来。胚位于种子中，作为折叠的片状体而嵌于胚乳中，横断面呈 S 形，占种子总量的 20% ~ 30%。胚乳位于种皮之下，占种子量的 68% ~ 78%。胚乳有明显的糊粉层，细胞内含有大量淀粉粒，淀粉粒结合疏松，易于分离。

　　苦荞营养丰富，保健功能强，具有很高的营养价值和药用价值，在其籽粒中蛋白质、脂肪、维生素、微量元素的含量普遍高于大米、小麦和玉米。苦荞蛋白质中含有 19 种氨基酸，尤其是 8 种人体必需氨基酸含量都高于小麦、大米及玉米。苦荞还含有禾谷类作物所没有的黄酮类化合物如芦丁、槲皮素等，具有扩张冠状血管和降低血管脆性、止咳、平喘、祛痰等防病治病作用。此外，苦荞中含有丰富的无机盐和维生素，如钾、镁、铜、硒，维生素 E、维生素 C 等，不但具有保肝、补肾、造血及增加免疫功能的作用，且能强体健脑、

注：① 实为质量，包括后文的重量、自重、称重等。但现阶段我国农林等行业的生产和科研实践中一直沿用，为使学生了解、熟悉行业实际，本书予以保留。
　　　　——编者注

美容、益智。

苦荞在我国分布不如甜荞广泛，加之其味略苦，营养价值和药用价值鲜为人知，传统的加工食用方法又简单粗糙，故其地位一直较低。近年来，随着科技工作者对其研究的深入，苦荞的特点逐渐引起国内外的关注和重视。目前，利用苦荞加工成的各种糕点、快餐食品、疗效食品、营养食品深受人们欢迎，其原粮和成品已逐渐销往国际市场。随着对苦荞开发利用越来越深入，这种融营养和保健于一身的作物会更加受到人们的青睐和重视。

第一章　苦荞的营养价值

苦荞作为我国的特色农作物之一，其种植面积和产量均居世界第一。我国劳动人民很早就认识到苦荞的营养价值和食疗功效。《本草纲目》《中药大辞典》《备急千金要方》等专著，对苦荞的食用和药用价值均有明确阐述，认为苦荞是"药食同源"的优良作物。《本草纲目》记载："苦荞性味苦、平寒，实肠胃，益气力，续精神，利耳目，能练五脏滓秽，降气宽肠，磨积滞，消热肿风痛，除万浊，脾积泻泄等功效。"《群芳谱·谷谱》有：荞麦"性甘寒无毒。降气宽中，能炼肠胃……气盛有湿热者宜之。叶：作茹食。下气利耳目。多食则微泄。生食动刺风，令人身痒。秸：烧灰淋汁。熬干取碱。蜜调涂烂痈疽。蚀恶肉、去面痣最良。淋汁洗六畜疮及驴马躁蹄。"现代科学研究表明，苦荞具有很高的营养价值和保健功效，其富含蛋白质、脂肪、淀粉、维生素、矿质微量元素等营养成分（表 1-1）。此外，苦荞还含有糖醇、多肽、酚酸，以及其他禾谷类作物所没有的生物黄酮类活性功能成分。

表 1-1　苦荞麦和大宗粮食的营养成分

成分	苦荞麦	甜荞麦	小麦	水稻	玉米
水分/%	13.2	13.5	12.0	13.0	13.4
粗蛋白/%	11.5	6.5	9.9	7.8	8.4
粗脂肪/%	2.15	1.37	1.8	1.3	4.3

成分	苦荞麦	甜荞麦	小麦	水稻	玉米
淀粉/%	65.9	72.11	71.6	76.6	70.2
粗纤维/%	1.622	1.01	0.6	0.4	1.5
维生素 B_1/（mg/g）	0.18	0.08	0.46	0.11	0.31
维生素 B_2/（mg/g）	0.50	0.12	0.06	0.02	0.10
维生素 PP/（mg/g）	2.55	2.7	2.5	1.4	2.0
维生素 P/%	1.15	0.10～0.21	—	—	0
叶绿素/（mg/g）	0.42	1.304	0	0	0
钾/%	0.40	0.29	0.20	17.2	0.27
钙/%	0.016	0.038	0.038	0.0017	0.022
镁/%	0.22	0.14	0.051	0.063	0.060
铁/%	0.0086	0.014	0.0042	0.0024	0.0016
铜/10^{-6}	4.59	4.0	4.0	2.2	—
锌/10^{-6}	18.50	17	22.8	17.2	—
硒/10^{-6}	—	0.431	—	—	—

1. 蛋白质

苦荞蛋白质含量因品种、产地及收获期不同，差异较大，一般为 8.5%～18.9%，比大米、小米、玉米、小麦和高粱面粉的蛋白质含量高。苦荞蛋白质富含水溶性的清蛋白和盐溶性的球蛋白，这类蛋白黏性差、无面筋，近似于豆类的蛋白质组成。与其他谷物相比，荞麦蛋白质的 18 种氨基酸组成更加均衡合理、配比适宜，符合或超过联合国粮农组织（FAO）和世界卫生组织（WHO）对食物蛋白中必需氨基酸含量规定的指标。赖氨酸是我国居民常食用的谷类粮食中的第一限制性氨基酸，而在荞麦中赖氨酸却很丰富，含量比一般谷物高。因此，食用荞麦能弥补我国膳食结构所导致的"赖氨酸缺乏症"的缺陷。荞麦蛋白质不但营养价值高，而且还具有抗氧化、延缓衰老、调节血脂、抑制脂肪蓄积、改善便秘、抑制大肠癌和胆结石发生、抑制有害物质吸收，以及增强人体免疫力等功效，是一种理想的功能食品原料。

2. 脂　肪

苦荞中脂肪的含量为 1%～3%，与大宗粮食较为接近。苦荞脂肪的组成较好，含有 9 种脂肪酸，其不饱和脂肪酸的含量也较为丰富，其中油酸和亚油酸含量最多，约占总脂肪酸含量的 80%（表 1-2）。此类脂肪酸对人体十分有益，有助于降低体内血清胆固醇含量和抑制动脉血栓的形成，对动脉硬化和心肌梗死等心血管疾病均具有很好的预防作用。苦荞中丰富的亚油酸在人体内通过加长碳链可合成花生四烯酸，后者不仅能软化血管、稳定血压、降低血清胆固醇和提高高密度脂蛋白含量，而且是合成对人体生理调节起必需作用的前列腺素和脑神经组成的重要组分之一。此外，苦荞中还含有 2,4-二羟基顺式肉桂酸，该物质能够抑制黑色素的生成，具有预防雀斑及老年斑的作用，是美容护肤的佳品。

表 1-2　两种荞麦油的含量及脂肪酸的组成（%）

脂肪酸种类	苦荞油	甜荞油
棕榈酸	14.6	16.6
硬脂酸	2.2	1.6
油酸	47.1	35.8
亚油酸	36.1	40.2
亚麻酸	微[*]	5.8
花生酸	微[*]	微[*]

脂肪酸种类	苦荞油	甜荞油
二十碳烯酸	微*	微*
山俞酸	微*	微*
芥酸	微*	微*
总含油量	2.59	2.47

注：*表示含量在 0.1%以下。

3. 淀 粉

苦荞的淀粉含量较高，与大多谷物相当，一般为 60%~70%，主要存在于胚乳细胞中，是一类新的功能性淀粉资源。与谷类和薯类淀粉相比，荞麦淀粉颗粒较小，多呈多边形，表面存在一些空洞和缺陷，淀粉的糊化曲线与小麦的相似。苦荞淀粉中直链淀粉的含量高于 25%，其加工制成的苦荞食品较为疏松、可口。此外，苦荞淀粉中还含有 α-淀粉酶和 β-淀粉酶的抑制物，这对于降低或抑制淀粉转化为糖的速率有着明显的作用。因此，苦荞可以作为糖尿病患者理想的补充食物。

4. 维生素

苦荞中富含多种维生素，如维生素 B_1、维生素 B_2、维生素 B_6、维生素 C、维生素 E 和维生素 P_p 等。维生素 B_1（硫胺素）作为辅酶参与糖类代谢，能增进消化机能，抗神经炎和预防脚气病。维生素 B_2（核黄素）能促进人体生长发育，是预防口角、唇舌炎症的重要成分。维生素 P_p（烟酸）有降低人体血脂和胆固醇，降低微血管脆性和渗透性的作用，是治疗高血压、心血管病，防止脑溢血，维持眼循环、保护和增进视力的重要辅助药物。维生素 E（生育酚）能消除脂肪自动氧化过程中产生的自由基，使细胞膜和细胞内免受过氧化物破坏。维生素 E 与硒共同维持细胞膜的完整，维持骨骼肌、心肌、平滑肌和心血管系统的正常功能。

5. 矿质元素

苦荞富含多种营养矿质元素，钾、钙、镁、铁、铜、锌、铬、锰等元素的含量都显著高于其他禾谷类作物。另外，苦荞还含有硼、碘、钴、硒等微量元素。镁元素参与人体细胞能量转换，具有调节心肌活动，促进纤维蛋白溶解，抑制凝血酶生成，降低血清胆固醇，预防动脉硬化、高血压、心脏病等功效。苦荞中铁元素含量十分丰富，为其他主粮的 2～5 倍，能充分保证人体制造血红素对铁元素的需要，这对于防止缺铁性贫血具有重要的作用。苦荞中的硒元素具有抗氧化和调节免疫等功能，在人体内可与金属元素相结合形成一种不稳定的"金属-硒-蛋白质"复合物，有助于排除体内的有毒物质。此外，硒还有类似维生素 C 和维生素 E 的功能，不仅对防治克山病、大骨节病、不育症和早衰有显著作用，还有很好的抗癌效果。

6. 膳食纤维

膳食纤维被称为"第七营养素"，是健康饮食中不可缺少的营养成分。膳食纤维在保持消化系统健康方面扮演着重要的角色，摄取足够的膳食纤维也可以预防心血管疾病、糖尿病、癌症等疾病。苦荞是膳食纤维丰富的食物，其籽粒的膳食纤维含量为 3.4%～5.2%，其中可溶性膳食纤维含量达到

20%~30%。有研究表明，苦荞粉中膳食纤维的含量约为1.62%，较玉米粉中膳食纤维的含量高 8%，分别是小麦和大米的 1.7 倍和 3.5 倍。调查表明，食用苦荞纤维具有降低血脂，特别是降低血清总胆固醇及低密度脂蛋白胆固醇含量的功效。同时，苦荞纤维在降低血糖和改善糖耐量等方面也具有很好的作用。

7. 黄酮类物质

苦荞中含有其他禾谷类粮食作物中所不具有的生物黄酮类活性成分，如芦丁、槲皮素、山奈酚、桑色素、金丝桃苷等及其衍生物。这些黄酮类化合物具有较强的生理活性，如抗氧化、抗病毒、细胞毒活性等。药效学的动物实验及临床观察表明，这些活性成分还具有较明显的降血糖、降血脂、增强免疫调节功能等作用。众多研究表明，苦荞籽粒、根、茎、叶、花中均含有黄酮类物质，其中苦荞中黄酮类成分的含量比甜荞中高 10~100 倍。另有研究显示，苦荞黄酮类化合物中主要成分为芦丁，又称芸香苷，是槲皮素的 3-O-芸香糖苷，其含量占总黄酮的 70%~90%。芦丁对维持血管张力，降低其通透性，减少脆性有一定作用，还可维持微血管循环，并加强与促进维生素 C 在体内的蓄积。此外，芦丁还有降低人体血脂、胆固醇，防止心脑血管疾病等作用，是用于动脉硬化、高血压的辅助治疗剂。对脂肪浸润的肝也有去脂作用，与谷胱甘肽合用，去脂效果更为明显。

8. 糖醇类

苦荞糖醇是苦荞种子发育成熟过程中所积累的具有降糖

作用的 D-手性肌醇及其单半乳糖苷、双半乳糖苷和三半乳糖苷的衍生物。D-手性肌醇及其半乳糖苷对人体健康非常有利，尤其是对 II 型糖尿病有疗效，引起许多研究机构的关注。利用苦荞作为 D-手性肌醇的天然资源，通过提取、分离获得苦荞手性肌醇及其苷，可根据需要进一步提纯，加工成适当的剂型，作为食品添加剂或药品，以预防、治疗糖尿病。此外，苦荞中还含有山梨醇、肌醇、木糖醇、乙基-β-芸香糖苷，这些成分都是对人体健康有利的物质。

9. 其　他

苦荞中的酚类化合物主要是苯甲酸衍生物和苯丙素类化合物，如没食子酸、香草酸、原儿茶酸、咖啡酸等。酚类化合物是苦荞重要的营养保健功能因子，该类成分具有很好的生理活性，如抗氧化、抗菌、降低胆固醇、促进脑蛋白激酶等的活性。研究发现，苦荞多酚类物质的协同作用对其生理活性有很好的效果。

植物甾醇存在于苦荞的各个部位，主要包括 β-谷甾醇、菜油甾醇、豆甾醇等。植物甾醇对许多慢性疾病都表现出药理作用，具有抗病毒、抗肿瘤、抑制体内胆固醇的吸收等作用。β-谷甾醇是苦荞胚和胚乳组织中含量最丰富的甾醇，约占总甾醇含量的 70%。该物质不能被人体吸收，且与胆固醇有相似的结构，在体内与胆固醇有强烈的竞争性抑制作用。

苦荞碱仅存在于苦荞籽粒中，其含量较少，在降低人体血脂、血糖及血压等方面具有显著作用。

苦荞种子中还含有硫胺素结合蛋白，该活性成分起着转运和储存硫胺素的作用，同时它们可以提高硫胺素在储藏期间的稳定性及其生物利用率。对于那些缺乏和不能储存硫胺素的患者而言，苦荞是一种很好的硫胺素补给资源。

此外，苦荞中还含有多羟基吡啶化合物（含氮多羟基糖，D-葡萄糖苷酶抑制剂），该活性物质具有很好的降糖作用。

第二章　苦荞的生物学特征

一、苦荞的形态特征

1. 根

苦荞的根系为直根系。胚根发育为主根，垂直向下生长。在主根上产生的根为侧根，形态上比主根细，入土深度不如主根，但数量很多，可达几十至上百条。侧根不断分枝，并在侧根上又产生小的侧根，增加了根的分布面积。此外，苦荞在靠近土壤的主茎上可产生数条不定根，多时可达几十条。这两种根系构成了苦荞的次生根系。它们分布在主根周围的土壤中，对植株起着支持及吸收水分、养分的重要作用。新生侧根呈白色，经一段时间后为褐色。

苦荞的根系主要分布在距地表 35 cm 左右的土层里，其中以离地表 20 cm 以内的根系较多，达总根量的 80% 以上。因此，苦荞的根为浅根系，土壤耕层、水分、养分、播种措施及栽培技术等都会影响其根系的发育。

2. 茎

苦荞茎为圆形，稍有棱角，茎表皮多为绿色，少数因含有花青素而呈红色。节处膨大，略弯曲。表皮少毛或无毛。幼茎通常是实心的，当茎变老时，因髓部的薄壁细胞破裂形成髓腔而中空。主茎直立，高 60～150 cm，因品种及栽培条件而有差异。茎节数一般为 18 节，多在 15～24 节之间。除主茎外，还会产生许多分枝。在主茎节上侧生旁枝为一级分枝，在一级分枝的叶腋处长出的分枝叫二级分枝，以此类推，还可以在二级分枝上形成三级分枝等。通常，苦荞的一级分枝数为 3～7 个。其分枝数除受品种遗传物质决定外，与栽培条件、种植密度有密切关系。

3. 叶

苦荞的叶有三种类型：子叶、真叶和花序上的苞片。

子叶是其种子发育时逐渐形成的，共有两片，对生于子叶节上。其外形呈圆肾形，具掌状网脉，大小为 1.5～2.2 cm。子叶出土时颜色初为黄色，后逐渐变为绿色或微带紫红色。

苦荞的真叶属完全叶，由叶片、叶柄和托叶组成。叶片为卵状三角形，顶端急尖，基部心形，叶缘为全缘，脉序为掌状网脉。叶片为浅绿至深绿色。叶柄起着支持叶片的作用，颜色为绿色，有些略带紫或浅红。其长度不等，位于茎中下部叶的叶柄较长，往上部则逐渐缩短，直至无叶柄。叶柄在茎上互生，与茎的角度常成锐角。叶柄的上侧有凹沟，凹沟内和边缘有毛，其他部分光滑。托叶合生为鞘状，膜质，称托叶鞘，包围在茎节周围，其上被毛。

苞片着生于花序上，为鞘状，绿色，被微毛，形状为片状半圆筒形，基部较宽，上部呈尖形，将幼小的花蕾包于其中。

4. 花

苦荞的花序为混合花序，为总状、伞房状和圆锥状排列

的螺状聚伞花序。花序顶生或腋生。每个螺状聚伞花序里有
2~5 朵小花。每朵小花直径 3 mm 左右，由花被、雄蕊和雌
蕊等组成。花被一般为 5 裂，呈镊合状，被片长约 2 mm，宽
约 1 mm，浅绿或白绿色。雄蕊 8 枚，呈两轮环绕子房，外轮
5 枚，内轮 3 枚，相间排列。花药似肾形，有两室，颜色为
紫红、粉红等色，每个花药内的花粉粒数目为 80~100 粒。
雌蕊由三心皮联合组成，子房三棱形，上位，一室，柱头、
花柱分离。柱头膨大为球状，有乳头突起，成熟时有分泌液。
苦荞的雌蕊长度与花丝等长，约 1 mm。

5. 果　实

苦荞果实为三棱形瘦果，表面有 3 条深沟，先端渐尖，
基部有 5 裂宿萼，由革质的皮壳（果皮）所包裹。果皮的色
泽因品种不同有黑色、黑褐色、褐色、灰色等。果实的千粒
重为 12~24 g，通常为 17.5~20.5 g。果皮内部含有像果实形
状一样的种子，主要由种皮、胚和胚乳三部分组成。种皮很
薄，分为内外两层，分别由胚珠的保护组织内外珠被发育而
来。胚位于种子中央，作为折叠的片状体而嵌于胚乳中，横
断面呈 "S" 形，占种子总量的 20%~30%。胚实质上就是尚
未成长的幼小植株，是由胚芽、胚轴、胚根、子叶四部分组
成。胚乳位于种皮之下，占种子重量的 68%~78%。胚乳有
明显的糊粉层，细胞是透明的。糊粉层下由放射状排列的大
型细胞组成，细胞内含有大量淀粉粒，淀粉粒结合疏松，易
于分离。

二、苦荞的生长发育

（一）苦荞一生的梗概

从播种到成熟为苦荞的一生。农业科学研究中，为便于田间试验观察，又将种子出苗至种子成熟经历的天数定为苦荞的生育期。苦荞的生育期不论长短，其一生都要经历一系列特征特性的变化。这些变化在植株外部形态上的表现是根、茎、叶、花和籽实等器官的发育和形成。形成期可分为种子萌发、出苗、现叶、分枝、现蕾、开花、灌浆和成熟。苦荞的全生育过程可划分为营养生长阶段和生殖生长阶段。苦荞在现蕾以前，主要是根、茎、叶等营养器官分化形成为主的营养生长阶段；现蕾以后，在继续进行营养生长的同时，主要是花序、花、籽粒等生殖器官形成的生殖生长阶段。

（二）种子的萌发与出苗

成熟健全的苦荞种子在适宜的温度、足够的水分和充足的氧气条件下，即可萌发。

苦荞果实吸水后坚硬的果皮逐渐软化，可以使更多的氧气和水分透过果皮和种皮进入种子内部。胚和胚乳吸水后，体积增大，柔软的种皮和果皮在胚和胚乳的压迫下破裂，为胚根、胚芽突破种皮向外生长创造了条件。先是胚轴-胚根的分生组织急剧分生和分化，使胚轴-胚根迅速伸长，胚根突破种皮和果皮，伸入土中，形成主根；胚轴伸长，把子叶推出种皮和果皮，伸直；子叶张开，变绿，子叶柄迅速生长，与此同时，位于子叶基部的胚芽也迅速生长，形成幼苗的茎叶系统。5～7 d 后，具有两片肾形子叶的幼苗在地面展开，称为出苗。

（三）幼苗的生长

苦荞幼苗出土后，两片肾形子叶逐渐展开，子叶最初呈淡绿色、黄绿色，不久经阳光照射后变为绿色，能进行光合作用。子叶展开后 6～8 d 长出第一片真叶，过 3～5 d 后形成第二片真叶，以后各片真叶渐次长出。苦荞幼苗茎直立挺拔、光滑、多汁。在幼苗生长过程中，胚茎分化成节和节间，节外略弯曲，茎节膨大。幼苗长出第二或第三片真叶的同时，在主茎下部的叶腋中开始长出一级分枝。主茎的生长在幼苗期比较缓慢，至现蕾后生长速度才逐渐加快。

（四）开花与结实

1. 现蕾与开花

一般情况下，苦荞自出苗 20～25 d 后开始现蕾，现蕾后4～5 d，主茎基部花序的花开始开放。其开花顺序，对一株而言，是主茎上的花序先开，其后分枝上的花序才开。初花时，位于主茎基部叶腋外抽出的花序首先开花，开放几天后，第一分枝、第二分枝等的花序相继开放。对于一个花序而言，则是由花序基部开始渐次向上开放。但由于苦荞的花序较为特殊，在花序轴上呈螺旋状排列的鞘状苞片内有 3～5 朵花，同一苞片内的花不同时开放，彼此相隔 1～2 d。

苦荞开花时间一般是上午 7:00—8:00 开始开放，以 9:00—10:00 最多（占 70%以上），上午 11:00—12:00 以后开花极少，下午 18:00—19:00 时闭合。苦荞每个植株开花的数目，因品种和栽培条件变化较大，一般为 300~800 朵，生长条件好的，可达 1500~2000 朵。花期内每日开花数由少到多，再逐渐减少。一株开花持续时间可达 25~50 d，也因品种不同而有差异。苦荞开花对温、湿度的要求不太高，在气温 17 ℃，相对湿度为 70%左右即可开花。苦荞开花的最适温为 25 ℃左右，最适相对湿度为80%左右。温度过高（33 ℃以上）或过低（13 ℃以下），湿度过大（85%以上）或过小（40%以下），都不利于开花。

2. 授粉与受精

花朵开放后，花药开裂散出花粉粒落到柱头上意味着授粉。苦荞属自花授粉作物，开花时花粉落在本花的柱头上进行自花授粉，自然杂交率很低，一般在 5%以下。

根据观察，苦荞在开花前雌蕊的 3 个柱头彼此紧靠在一起。开花散粉后，3 个柱头彼此散开，呈三载状，这是柱头已接受花粉的外部标志。正常情况下，开花后的柱头生存时间是 30 h 左右，开花后两天如未受精，柱头则丧失受精能力。

授粉后 15~30 min，花粉粒在柱头上萌发，经 7~9 h 后花粉管穿过柱头进入子房，最后进入胚囊，发生双受精作用。从精子与两性细胞相接触到完成双受精历时 7~9 h。唐宇等对苦荞的受精过程从细胞形态学和时间进程上进行了较为系统的研究后指出，苦荞完成受精过程所需要的时间是 14~20 h。

3. 籽粒的形成与成熟

苦荞花受精以后，子房逐渐膨大，受精卵开始分化形成原胚，在开花后的 10 多天时间内，胚的分化基本完成，胚乳细胞充满囊腔，淀粉沉积开始，进入灌浆和成熟期。一粒籽粒从受精开始至籽粒成熟，整个过程历时 25 ~ 35 d。

（五）苦荞生长发育对环境条件的要求

1. 温　度

苦荞属喜温作物，种子萌发要求较高的温度。种子发芽的最低温为 7 ~ 8 ℃，适温为 15 ~ 25 ℃，最高温度为 36 ~ 38 ℃。苦荞在较低的温度下其幼苗生长缓慢，生殖生长延长。高温能加快苦荞幼苗的生长发育，并使花序分化的时间提早，分化的进程加快。苦荞受精期间温度的变化会引起受精能力的变化。高温下，花粉水分减少，渗透压下降，萌发能力降低，甚至进一步枯萎死亡。柱头在高温下无分泌液或分泌液减少，失去粘附花粉能力。而低温虽不足以使花粉和柱头死亡，但能使花粉和柱头的酶活力下降，花粉萌发和花粉管伸长能力降低。温度的变化同样影响籽粒的形成。温度主要影响养分的制造、运输和分配，使运往籽粒的养分减少，受精果实不能正常发育，其中高温条件尤为不利。在高温下，苦荞光合能力降低，呼吸作用增强，消耗物质增多，籽粒得不到充足养分而死亡。

苦荞在气温 21 ~ 26 ℃ 时受精率较高，低于 20 ℃ 或高于 27 ℃ 受精率下降。结实阶段要求气温偏低，为 20 ℃ 左右，低于 17 ℃ 或高于 25 ℃ 均不利于结实。

2. 光　照

苦荞为短日照非专化型作物，光照可使幼苗生长加快，促进花序的分化发育，提早现蕾。在光照长度增加时，能延缓茎生长锥的分化速度，并使幼苗的整个生长发育过程减慢。但是不论长光照或短光照，苦荞均能正常生长发育、开花结实。苦荞对光照强度的反应也很敏感。幼苗期光照不足，植株瘦弱，并影响花序和小花的分化，使花序数减少，花序长度变短，小花减少。开花初期处于花粉母细胞分化及四分体形成期，光照不足影响小花分化及花粉的形成，使花粉量减少，花粉生活力大大减弱。开花盛期光照不足影响花粉的发育。此外，苦荞开花期较长，在开花高峰期通常也是结实的高峰，因此，开花结实期花朵和果实对养分的竞争激烈，光照不足不但使受精率降低，而且将引起部分受精果实死亡，形成大量空粒、瘪粒。

3. 水　分

水分不足会影响发芽和出苗。种子萌发时需要大量的水分，苦荞种子吸水量要达到种子自重的 60%左右时才能完成吸胀进入萌发。刚出土的幼苗含水量高达 90%以上，土壤水分不足或过多，均会影响出苗率和出苗整齐度。萌发时，苦荞最适应的土壤含水量为 16%～18%（相当于田间持水量的 60%～70%）。

在幼苗期苦荞耗水量比其他生长阶段少，能在一定程度上忍受土壤中水分含量的不足。但仍需要足够的水分供应。否则会影响幼苗的营养生长，使幼苗生长瘦弱，花序性状相应变劣。此时土壤水分应保持在田间持水量的 70%左右。

开花结实期对水分的要求很高。开花期缺水，影响茎叶中的养分向花运输，引起花的败育。灌浆结实期水分不足，要引起光合作用和呼吸作用下降，向花和籽粒输送的养分减少甚至停止，受精果实的发育停止，从而造成大量空粒和瘪粒。开花结实期，要求田间持水量不能低于80%，空气湿度应在70%~80%较为适宜。

4. 养　分

幼苗阶段养分对幼苗生长有密切关系。此时，幼苗根系尚不强壮，吸收养分的能力较弱，地上部分的幼叶光合能力不强，形成营养器官及花序分化特别需要氮营养。因此，这段时间土壤有充足的养分，可使生长锥分化延长，促进花序和花的分化。若氮素过多，植株徒长，节间细长，也不利于花序及花的分化。苦荞生育前期需要一定的钾素，早期缺钾对幼苗生育影响很大，钾有助于机械组织的形成，并提高茎的强度。如果苗期缺钾，植株就始终不发育，不能正常生长。

氮、磷、钾养分对形成籽粒起着重要作用。供给氮肥有利于籽粒灌浆，增加粒重。磷、钾肥可以促进糖分和含氮物质的转移和转化，对灌浆成熟有利。此外，锌、锰、铜、硼、钼等微量元素在苦荞的受精结实过程中的作用亦不能忽视。经试验，苦荞施用微量元素后结实率可提高8.5%以上，产量明显增加。

第三章　苦荞的分布及生态区划分

一、苦荞的分布

苦荞分布从北纬 23°30′ 的云南文山到 43° 的内蒙古克什腾旗，东经由 80° 的西藏扎达到 116° 的江西九江，跨 20 个纬度、36 个经度，集中在云南、四川、贵州、湖南、湖北等省，以及北方如山西、陕西等省黄土高原山区。我国的淮河、秦岭、巴山一线（称秦淮线）是甜荞和苦荞栽培的过渡区，秦巴山区以北是我国甜荞主产区，多种植甜荞，苦荞零星分散种植。秦巴山区以南是我国苦荞主产区，尤其是云贵川毗邻的高山丘陵地带多连片种植苦荞，如四川省的凉山州等，而甜荞种植面积较小。

苦荞主产区的云南、四川、西藏、贵州、青海等省（自治区）是荞麦的起源中心地，同时也是荞麦的集中产区，从《中国荞麦品种资源目录》第一辑和第二辑（截至 1995 年），共收集的 2 749 份荞麦品种资源（其中不包括野生种）看，苦荞资源占到荞麦资源总数45%以上的有四川、贵州、云南、西藏、青海、甘肃，该 6 省（自治区）的荞麦资源占参加征集入库 21 个省（自治区）及中国农业科学院荞麦资源的 28.57%；苦荞资源占到荞麦资源总数33.5%的有宁夏、陕西、湖北、湖南，该 4 省（自治区）荞麦资源占总体的 19.04%；

完全没有或只有 1~2 份苦荞资源的有 6 个省份（表 3-1）。据此足以表明中国的西南、西北地区荞麦资源极其丰富。

苦荞能成为这些地区的主要栽培作物之一是因为：① 苦荞抗逆性和适应性强。栽培苦荞多分布在海拔 2 000 m 以上的地区，高的可达 3 500 m（云南），最高的西藏达 4 400 m，野生苦荞可达 4 900 m。② 耐粗放栽培。苦荞主产区的云贵高原、黄土高原和青藏草垫冻土高原海拔高、气温低、土地瘠薄，加之高寒山区地广人稀、劳动力紧缺、耕作技术落后、粗放生产、广种薄收，导致不能种植高产作物。但这些地区如云南的宁蒗、香格里拉，四川的布拖、盐源，贵州的威宁、兴义，西藏的许多县（区），苦荞的播种面积仍占该地区粮食种植面积的 20%~40%，产量占 15%~30%。苦荞成为当地的主要粮食作物之一。

在苦荞主产区中，云南省苦荞栽培历史悠久，面积大，品种资源丰富，生产潜力大。据统计，云南的苦荞生产，1946 年种植面积为 4.74 万公顷，总产 7 700 t，单产 162.4 kg/hm²；1949 年后生产得到了很大的发展，1956 年苦荞面积发展到 20.09 万公顷，占全省总面积的 6%，10 年增加了 4.24 倍；总产 145 084 t，单产 722 kg/hm²，分别增加了 18.8 倍和 4.5 倍。1963 年全省苦荞种植面积 21.547 万公顷，总产 121 929 t，单产 659 kg/hm²。自 1966 年以来，云南苦荞生产经过几起几落的动荡，面积锐减，产量下降，多年处于低谷徘徊状态。至 1980 年，随着全省农业生产的好转，主要粮食作物产量稳定增加，苦荞生产也走出低谷，面积、产量逐步回升，苦荞生产摆脱了多年的停滞状态。到 1995 年，已恢复到 10.818 0 万公顷，总产量 113 890 t，单产达到 1 053 kg/hm²。近年来，在改革开放和市场经济的推动下，苦荞生产呈现出飞速发展的势头，1998 年种植面积、产量更上一层，达到 13.386 0 万公顷，总产 155 096 t、单产 1 158 kg/hm²，面积、总产和单产分别比 1995 年又增长了 23.74%、36.18% 和 9.97%。初步形成了在稳定面积的基础上提高单产，在提高单产的基础上增加总产的良性循环，较好地突出了云南苦荞生产的优势。

四川凉山彝族自治州气候冷凉，低温多雨，土壤瘦薄，粮食作物以马铃薯、苦荞、燕麦为主。全州常年种植苦荞 4.33 万公顷，主要分布在海拔 2 200 ~ 3 555 m 的高寒山区。1977 年以前，单产为 600 ~ 900 kg/hm²，后来在合理密植、增施肥料、加强田间管理技术措施下，平均单产达 2 250 kg/hm²，比原来翻了 2.5 ~ 3.5 倍。布拖县高产示范 81.3 hm²，平均单产 3 090 kg/hm²，其中 3.5 hm² 平均单产达 3 645 kg/hm²，说明苦荞增产潜力巨大。

表 3-1　中国苦荞种质资源统计分布表

分布区	荞麦资源总数/份			占比/%	
	合计	甜荞	苦荞	甜荞	苦荞
黑龙江	24	24	0	100.0	0.0
吉林	164	164	0	100.0	0.0
辽宁	75	74	1	98.7	1.3
内蒙古	297	289	8	97.3	2.7
中国农业科学院	140	42	98	30.0	70.0
西藏	46	14	32	30.4	69.6
山西	396	283	113	71.5	28.5

续表

分布区	荞麦资源总数/份			占比/%	
	合计	甜荞	苦荞	甜荞	苦荞
陕西	298	205	93	68.8	31.2
甘肃	206	112	94	54.4	45.6
青海	90	39	51	43.3	56.7
新疆	30	30	0	100.0	0.0
四川	210	39	171	18.6	81.4
安徽	90	85	5	94.4	5.6
江西	66	64	2	97.0	3.0
贵州	98	29	69	29.6	70.4
云南	189	58	131	30.7	69.3
湖北	110	75	35	68.2	31.8
河北	124	124	0	100.0	0.0
宁夏	18	11	7	61.1	38.9
湖南	14	9	5	64.3	35.7
广西	64	58	6	90.6	9.4
合计	2749	1828	921	66.5	33.5

二、生态区划分

我国苦荞的种植面积和产量居世界第一。据统计，全国苦荞的栽培面积约 400 万亩（1 亩=666.7 m²），总产 30 多万吨。云南、四川和贵州等省是苦荞的主要产区，占全国苦荞种植面积的 80%左右。陕西、山西、湖北、重庆、湖南、广西等省区都有种植，面积 70 万～90 万亩。四川省凉山州是苦荞的主要种植区，苦荞常年的种植面积在 50 万亩左右。近几年，随着苦荞开发利用的力度加大，苦荞的种植面积也在增长。2002 年，凉山州苦荞种植面积达 72 万亩，总产量 11 万吨。苦荞的生产水平较低，一般每亩产量为 60～150 kg，少数地区每亩产量可超过 200 kg。如凉山州多数苦荞种植区的单产已达 150 kg 以上，这说明苦荞的生产潜力很大。

从我国来看，苦荞的生产水平较低，地区之间发展很不平衡，一般苦荞种植区多集中在地广人稀、土地瘠薄、气候冷凉、生产条件差、耕作栽培技术落后的边远山区及少数民族地区，要发展苦荞生产，必须针对不同生产条件，进一步探索苦荞高产栽培技术，并培育高产优质新品种。

我国荞麦学界目前将全国苦荞栽培生态区划分为 4 个大区，即北方春荞麦区，北方夏荞麦区，南方秋、冬荞麦区和西南高原春、秋荞麦区。在北方夏荞麦区和南方秋、冬荞麦区，苦荞只有少量种植，绝大部分分布于西南高原春、秋荞麦区。该区包括西藏、青海高原、甘肃甘南、云贵川高原、川鄂湘黔边境山地丘陵和秦巴山区南麓。

凉山州地处西南高原春、秋荞麦区，属低纬度、高海拔山区，穿插于丘陵、盆地和平坝、盆地沟川或坡地上。年平均温度为 7～18 ℃，年降雨量为 900～1 300 mm。该区栽培作物以苦荞、燕麦、马铃薯等喜凉作物为主，辅以其他耐寒喜冷小宗粮豆作物。本地区由于活动积温持续期长而温度强度不够，加上云雾多，日照不足，气温日较差不大，宜于喜冷作物苦荞的生长，是我国苦荞主要产区。一般一年一作，春播。在低海拔的河谷坝坝地区为两年二熟或三熟制，秋播。

三、生态区特征

中国苦荞较集中的产区是中国西南的高海拔贫瘠地区，这些地区温度低、湿度大、气候凉爽，很适合喜温、短日照的荞麦生长发育。

从地区范围及自然区界来看，青藏高原、黄土高原、云贵川高原、川鄂湘边境山地丘陵和台巴山区南麓有分布。苦荞多生长于海拔 2 000~3 000 m 的丘陵、盆地、沟谷或山顶坡地上。全年无霜期 150~210 d，年平均气温 7~15 ℃，年降水量 900~1 300 mm，是苦荞最适宜的生长环境。如四川省凉山彝族自治州昭觉、布拖、美姑、盐源、木里 5 个县，地处东经 100°48′~103°16′，北纬 27°27′~28'23′，海拔 2090~2 666 m，年平均温度 10.9~12.6 ℃，4~8 月降水量 578~777 mm，相对湿度 57%~76%，优越的自然气候特点很适合苦荞的生长发育，并能获得高产。苦荞大面积单产都在 1 500 kg/hm^2 以上，个别高产地区达到 3 750 kg/hm^2。

苦荞由于生长在高寒冷凉山区，又是喜温、喜光作物，生育期短，出苗 30 多天便边生长发育边开花结实。根据各地生态环境、气候冷暖，选择当地雨水适中、气候温暖的季节播种，苦荞主产区便有夏荞和秋荞之分。海拔 2 000 m 以上、无霜期短的地区，夏季土壤 5 cm 深度地温达到 10 ℃ 以上，断霜后的 4—5 月开始播种的称为夏荞；海拔 1 600 ~ 1 900 m 地区，无霜期 210 d 以上，有足够的温度和光照、充沛的雨量，可于初夏或立秋播种的称为秋荞。

第四章　苦荞的主要农艺及经济性状

林汝法（2005）报道，在中国苦荞麦产区征集了 30 个高产、高黄酮含量、易脱粒性状的苦荞麦遗传资源，分别是固原苦荞、海源苦荞、威宁苦荞、镇巴苦荞Ⅱ、威宁 3 号、六荞 1 号、六荞 2 号、六荞 3 号、凤黄苦荞、西 3-1、西 1-2、西 2-2、西 3-2、西 4-2、西 5-2、西 6-2、西 7-2、YT 灰苦荞、YT 黑苦荞、YT-5、YT-37、昆明灰苦荞、滇宁 1 号、定 98-1、昭苦 1 号、西农 9909、黑丰、晋荞 2 号、威 93-8 和九江苦荞。通过种植，观察记载了苦荞品种的生物学和经济学性状（表 4-1）。

表 4-1　苦荞品种的农艺及经济学性状

品种	生育类型	株高/cm	主茎节数/个	株重/g	产量/（kg/hm²）	千粒重/g	粒色	粒型
固原苦荞	晚熟	110	20	4.59	1308.0	23.3	灰	圆锥形
海源苦荞	中熟	130	17	1.28	1 183.5	19.4	灰	卵形
威宁苦荞	中熟	90	15	0.91	1390.5	18.0	灰	卵形
镇巴苦荞Ⅱ	早熟	125	19	2.97	1770.1	18.0	灰	圆锥形
威宁 3 号	中熟	110	17	4.04	2121.0	22.2	灰	圆锥形
六荞 1 号	特晚	110	18	4.83	2026.5	25.3	褐	圆锥形
六荞 2 号	中熟	115	20	2.15	1 353.0	20.5	灰	其他
六荞 3 号	晚熟	128	18	3.18	1 209.0	23.7	灰	其他

品种	生育类型	株高/cm	主茎节数/个	株重/g	产量/（kg/hm²）	千粒重/g	粒色	粒型
凤黄苦荞	中熟	125	14	1.03	2050.5	21.6	褐	圆锥形
西3-1	中熟	115	18	2.30	1885.5	19.5	褐	三角形
西1-2	中熟	108	18	3.86	2088.0	21.0	褐	其他
西2-2	中熟	130	19	2.64	2 121.0	20.8	灰	其他
西3-2	中熟	140	17	0.91	1956.0	19.2	灰	三角形
西4-2	中熟	140	17	2.48	2 392.5	20.2	褐	圆锥形
西5-2	中熟	130	17	0.88	1 213.5	21.0	灰	其他
西6-2	中熟	130	17	3.01	1827.0	20.2	褐	圆锥形
西7-2	中熟	110	16	1.39	2433.0	18.5	灰	其他
YT灰苦荞	中熟	90	17	0.90	859.5	18.7	灰	圆锥形
YT黑苦荞	晚熟	100	18	2.68	1 143.0	21.0	黑	其他
YT-5	中熟	90	17	1.74	1 354.5	23.4	灰	其他
YT-37	晚熟	105	20	2.77	1543.5	24.3	灰	其他
昆明灰苦荞	晚熟	130	20	1.21	1087.5	20.8	灰	其他
滇宁1号	晚熟	102	18	2.60	1 886.0	22.2	灰	圆锥形
定98-1	早熟	130	18	2.21	2 159.5	19.5	灰	圆锥形
昭苦1号	中熟	117	18	2.03	1 399.5	16.2	灰	圆锥形
西农9909	中熟	128	18	1.68	2 196.0	17.8	褐	卵形
黑丰	早熟	130	19	4.56	2 312.0	21.0	黑	圆锥形
晋荞2号	早熟	122	20	6.36	2 199.0	17.5	褐	圆锥形
九江苦荞	早熟	120	18	3.44	1 893.0	19.6	褐	圆锥形
威93-8和	早熟	100	19	4.36	2 192.0	19.6	褐	圆锥形
平均	—	117	17.9	2.63	1 751.9	20.5	—	—

一、苦荞麦的生育期

不同的苦荞品种，其生育期不同，一般生育期不到 80 d 的为早熟，80～90 d 的为中熟，90 d 以上的为晚熟。从表 4-1 可知，苦荞不同品种中，早熟品种有 6 个，占 20%；中熟品种有 17 个，占 56.7%；晚熟品种有 6 个，占 20%，特晚熟品种有 1 个，占 3.3%。这与张宗文（2006）报道，从四川、云南和贵州等 11 个不同地区来源的国家苦荞资源生育期为 73～119 d 基本一致。中国苦荞麦中熟品种所占的比例较高，适合选育出适应性广、具有推广价值的苦荞推广品种。

二、苦荞麦的产量性状

从表 4-1 可知，30 个苦荞品种的平均产量为 1 751.8 kg/hm^2，高于平均产量的品种有 18 个，比例为 60%，低于平均产量的品种有 12 个，比例为 40%。九江苦荞是国家品种区域试验的对照品种，大面积种植，其平均产量为 1 988.25 kg/hm^2，30 个试验品种中，高于九江苦荞平均产量的品种有 11 个，分别是威宁 3 号、凤凰苦荞、西 2-2、西 3-2、西 4-2、西 7-2、西农 9909、黑丰、晋荞 2 号、威 93-8 和定 98-1，其中部分品种比对照九江苦荞增产显著，如西 7-2 比对照增产 22.36%，晋荞 2 号比对照增产 10.60%，西农 9909 比对照增产 10.45%，威 93-8 比对照增产 10.3%，定 98-1 比对照增产 8.61%。

三、苦荞麦的千粒重

苦荞种质资源以中、小粒为主，千粒重 20 g 以下的为中、小粒种，20 g 以上的为大粒种。张宗文（2007）报道，从四川、云南和贵州等 11 个不同地区来源的国家苦荞资源的千粒重平均为 19.7 g。从表 4-1 可知，苦荞麦资源千粒重平均为 20.5 g。试验种植的 30 个苦荞品种中约有 18 个为大粒品种，其中接近特大粒的品种有 5 个，它们是六荞 1 号（千粒重为 25.3 g）、YT-37（千粒重为 24.3 g）、六荞 3 号（千粒重为 23.7 g）、YT-5（千粒重为 23.4 g）和固原苦荞（千粒重为 23.3 g）。

四、其他特性

1. 不同来源地苦荞经济性状

我国苦荞种质资源株高平均为 104.66 cm，最高达 200 cm，最低为 36.2 cm。西藏材料的植株最高，平均约为 156 cm；而宁夏的材料最低，平均仅有 56.2 cm。苦荞主茎节数平均为 17 个，最多 34 个，最少 4 个。主茎节数以西藏材料最多，平均达到了 26.2 节；而湖北的材料最低，平均仅有 12 节。主茎分枝数平均 5.5 个，最多的 13 个，最少的仅 2 个。主茎分枝数以来自甘肃的材料最多，达到了 6.9 个；而来自四川和贵州的材料最少，平均仅有 4.3 个。株粒重平均 3.95 g，最大值 31.6 g，最小值 0.08 g。来自内蒙古的材料最高，为 12.93 g；来自四川的较低，平均仅 1.45 g；而来自尼泊尔的材料更低，平均仅为 1.09 g。苦荞资源千粒重差异也较大，平均为 19.3 g，千粒重最高的为 33.5 g，而最低的仅为 8.5 g。其中来自广西的材料最高，平均 24.57 g；而来自甘肃的材料最低，平均仅为 15.83 g。

2. 苦荞主要质量性状

通过对一些质量性状的鉴定数据分析，荞麦种质在株型、茎色、叶色、花色、籽粒颜色、籽粒形状等性状上都有一定差异。苦荞株型主要有两种，即紧凑型和松散型。苦荞茎色变异较大，包括淡红、粉红、红、红绿、黄绿、绿、绿红、浅绿、深绿、微紫、紫、紫红、棕等颜色。其中具有绿色茎秆的品种较多，占 50%以上；其次是淡红色，其他颜色的品种较少。苦荞叶色也有差异，主要有浅绿、绿、深绿 3 种颜色，其中以绿色为主，占 60%以上。苦荞花色较多，主要分白绿、淡绿、黄绿、黄、绿等颜色，也有部分粉红和白色花。苦荞籽粒颜色也非常丰富，最主要颜色包括浅灰、灰、深灰、浅褐、褐、深褐、灰黑、黑等颜色，也有少量杂色品种。苦荞籽粒形状主要包括长锥形、短锥形、长方形。

3. 苦荞资源趋早熟性

苦荞的生育期较短，具有超早熟性。通过鉴定发现，我国苦荞资源的生育期平均为 87.5 d。其中，有 72 份苦荞的生育天数少于 70 d，最短的生育期仅 58 d。由于荞麦具有早熟性，所以，被用作救荒作物，一旦遭遇干旱或降雨较晚年份，再播种其他作物无法成熟时，种植荞麦仍可以获得收成。对高海拔和无霜期极短的山区，如四川凉山彝族自治州，苦荞也是重要的粮食来源。

4. 苦荞资源耐冷凉性

苦荞种质的特点之一是耐冷凉性。苦荞种子在 5 ℃ 可发芽，在生长期间对 20 ~ 25 ℃ 的温度要求不严格，总积温不超过 2000 ℃。如果积温过高反而不利于苦荞生长，导致严重倒伏，产量降低。我国具有冷凉气候条件的山地面积较大，主要分布在西北、华北、西南高原地区，这些山区常年温度较低，有效积温更低，有些大作物如水稻、小麦和玉米不能成熟，而苦荞显示出了巨大优势，对保障这些地区人们的粮食安全和农民的收入有重要作用。

5. 苦荞资源富营养性

我国苦荞种质富含各种营养成分，包括蛋白质、脂肪、氨基酸、脂肪酸、膳食纤维、矿物质及微量元素。根据对我国 200 份苦荞资源的品质分析,发现蛋白质含量平均为 8.4%，最高的品种为 11.7%，最低的为 6.5%。蛋白质含量较高的品种主要来自山西，主要是改良品系，如岭西苦荞（11.62%）、灵丘苦荞（11.07%）。脂肪平均含量约为 2%，最高为 3.2%，含量高的品种主要来自山西和湖北的改良品种，如岭东苦荞（3.2%）、高山苦荞（2.86%）。赖氨酸含量平均为 0.6%，最高含量为 1.86%，含量高的主要来自云南的地方品种，如元谋苦荞（1.08%）、文山团荞（1.07%）。我国苦荞还富含微量元素和矿物质，如锌、锰、铁等。根据对我国 530 份苦荞资源的分析，锌的含量平均为 28.3 mg/kg，最高达 82.8 mg/kg；锰的含量平均为 11.9 mg/kg，最高为 39.7 mg/kg；铁的含量平均为 120.2 mg/kg，最高为 2 105 mg/kg。高含量的材料主要来自贵州。

第五章　苦荞品种选育与推广

一、品种选育

我国苦荞栽培历史悠久，在长期的生产过程中，形成了多种多样的品种类型，品种资源极其丰富。荞麦品种资源的收集工作开始于 20 世纪 80 年代初，目前全国范围内共收集到各类荞麦资源 2 795 份，其中苦荞资源 879 份，并已编入《中国荞麦品种资源目录》。在我国，进行苦荞新品种选育的历史不长，选育手段较落后，培育出的苦荞新品种很少，近年来四川、贵州、山西、陕西等地都在积极开展这方面的育种工作，并已选育出西荞 1 号、凉荞 1 号等苦荞优良品种在生产上进行推广。但这些新品种仍然不能满足生产发展的要求，因此，搞好苦荞育种工作，是进一步发展我国苦荞生产的当务之急。

（一）选择育种

苦荞的选择育种方法有多种，应根据不同类型苦荞的繁殖特点，相应地采用不同的选择方法。苦荞由于自然异交率很低，长期适应自花授粉，采用系统选择育种法效果较好，一般单株后代有较高的一致性，分离较少，通过一定世代的定向选择，优良性状能较快地得到稳定，形成较优株系或品系，经过产量比较试验鉴定后，与原始品种有明显不同，即可作为新品种在生产上推广利用。例如，江西省的九江苦荞是当地群众在生产实践中通过单株选择育成的，丰产性好，适应性强，目前已在西南推广 10 多万亩。

（二）杂交育种

进行杂交育种主要环节是选择亲本，配置优良组合进行杂交和正确地选择后代。

1. 亲本选配

在苦荞杂交育种中，亲本的选配原则与其他作物大致相同。在根据育种目标选配组合时，一般应注意几点：① 选生态差异较大，亲缘关系较远的品种作为亲本。由于亲本之间遗传差异大，杂种后代的分离就比较广，易于选出性状超过亲本和适应性比较强的品种。② 杂交的双亲优点较多，优缺点能互补。由于苦荞品种间数量性状在杂交后代中的互补作用不如质量性状效果突出，因此两个亲本的数量性状应很少或没有共同缺点，并应有各自突出的优点。③ 杂交亲本应有较好的配合力。在选配亲本时，除注意品种本身的优缺点外，还要通过杂交实践积累资料，选出配合力好的品种作为亲本。目前，我国苦荞有关配合力的专门研究还很薄弱，应加强这方面的工作。

2. 杂交技术

苦荞自现蕾后一般 5~7 d 即开始开花。开花顺序对一株而言，是主茎上的花序先开，其后分枝上的花序才开。对于一个花序而言，则是由花序基部开始渐次向上开放。苦荞的开花时间一般是上午 7:00—8:00 开始开放，以 9:00—10:00 最多，下午 18:00—19:00 时闭合。开花的最适温湿度，苦荞为 25 ℃ 左右，大气相对湿度 80% 左右。阴雨天气推迟开花，甚至不开花。苦荞开花持续时间较长，一个单独花序的开花，其持续时间可达 15 ~ 40 d 甚至以上。

苦荞的杂交方法具体分为：整理花序、去雄和授粉三步。① 整理花序，苦荞开花后（苦荞花期很长，达 30 ~ 50 d），在进入开花高峰之前，选生长健壮、发育正常的母本植株的中上部主花序，对当选花序进行整理，即摘除花序上已经开放的花朵，同时摘除尚未成熟的幼蕾，留下即将开放的花蕾。由于苦荞花序为无限生长类型，应将花序顶端摘除，以免进一步形成花蕾。② 去雄，将经过整序的母本花序，逐个用镊子将花蕾挑开，摘去 8 枚雄蕊。由于苦荞花器很小，需极其小心，注意勿损伤雌蕊，并将雄蕊摘除干净，这一步是杂交成功与否的关键。③ 授粉，去雄当时或去雄后 1 d 均可授粉。授粉时，将收集的父本花朵花瓣摘去，使雌蕊全部外露，用镊子夹住父本花朵的花柄，左手固定母本花朵，然后把父本花药在母本雌蕊柱头上涂抹，待一个花序上的所有去雄花朵授完粉后，再套上纸袋。

3. 杂种后代的选择

获得杂交种以后，还要对杂交种后代进行细致的培育和选择，才能创造出优良的新品种。对杂种后代进行处理的具体方法一般可采用系谱法或混合法。在杂种后代选育的过程中，要根据育种目标全面掌握后代的植株结构、生育期、生

长势、结实性、抗逆性、抗病性和品质，从而选育综合性状
较好的品种。由于系谱法、混合法各有优缺点，还可采用结
合二者优点的派生法对后代进行选择。

（三）诱变育种

利用放射性射线和化学诱变剂，处理苦荞种子、花粉、
植株或其他器官，诱使其细胞遗传物质发生突变，产生突变
类型，从中选育新品种的诱变育种法正逐渐在国内外苦荞育
种中应用。用诱变方法处理苦荞品种能产生广泛的变异谱。
实践证明对于改变苦荞的产量性状、株高、株型、分枝性状、
抗性和营养品质等方面，能够收到较好的效果。

苦荞是对诱变较敏感的作物，剂量高低直接影响诱变的
效果。不同苦荞类型及品种，对辐射剂量的敏感性却有明显
差别。一般甜荞类型比苦荞类型敏感；二倍体种比四倍体种
敏感。此外，在一种诱变剂和一种外界条件下，品种的基因
型越近，诱导突变的频率和系谱越近似。相反，品种亲缘关
系越远，在诱导突变时，突变体的差异越大。根据国内外部
分试验资料，苦荞用干种子做处理材料，以 γ 射线进行诱变
的参考剂量为 200～600 Gy；以化学诱变剂处理干种子时常用
的浓度为：甲基磺酸乙酯（EMS）0.1%～0.005%，乙烯亚胺
（EI）0.02%～0.005%，硫酸二甲酯（DMS）0.012%～0.025%。

二、推广品种

苦荞品种的推广是在品种区域试验、多点试验和生产示

范的基础上进行的。目前，我国通过国家苦荞品种区域试验，向全国推荐了一批优良品种，并通过了国家和省级审定，现已在全国苦荞生产中发挥着重要作用。

1. 九江苦荞

江西吉安市农业科学研究所选育，生育期 80 d 左右，株高 108 cm，粒褐色，千粒重 20.2 g。

2. 西荞 1 号

四川西昌学院选育，生育期 75～80 d，株高 90～100 cm，粒黑色，千粒重 20 g。

3. 川荞 1 号

四川凉山州农业科学研究所昭觉试验站选育，生育期 80 d 左右，株高 90 cm，粒黑色，千粒重 20 g。

4. 榆 6～21

陕西榆林市农业科学研究所选育，生育期 80 d 左右，株高 90 cm，粒黑色，千粒重 22 g。

5. 凤凰苦荞

湖南湘西荞麦协作组选育。生育期 85～90 d，株高 100 cm，粒灰色，千粒重 22 g。

第六章　苦荞栽培技术

一、苦荞高产栽培技术

（一）整　地

苦荞对土壤的适应性比较强，但适宜在土壤有机质丰富，结构良好，养分充足，保水力强，通气性良好的土壤上生长。一般适宜的土壤酸度为 pH 6~7。苦荞根系弱，子叶大，顶土能力差，适宜的土壤及正确的耕作对苦荞的发芽出苗、生长发育具有重要作用。

苦荞整地，应于前茬作物收获后进行一次深耕。通过深耕土壤，增厚熟土层，提高土壤肥力，有利于蓄水保墒和防止土壤水分蒸发，促进苦荞发芽出苗。同时，可减轻病虫害对苦荞的危害。凉山州苦荞产区地处高海拔山区，山高、雾大、气温低。因此，前作收获后抓紧深耕 20~25 cm，利用晚秋余热使植物秸秆根叶及早腐烂，促进土壤熟化。第二次整地应在播种前 10~15 d 的春季进行，通过翻耕土地，疏松耕层、平整土面，提高土壤温度，促进有机质分解和养分释放，为苦荞种子的发芽创造条件，有利于全苗壮苗，同时能最大限度地诱发和消灭杂草幼苗，强化土壤有益微生物的活动。凉山州春播苦荞种植区耕地一般于 11 月中下旬至 12 月上中旬进行。耕行一般不进行耙耱，通过冬炕晒伐，干湿交融，利于土块破碎，待第二年春天再进行 1~2 次耕翻，即可播种。苦荞种子质量对全苗壮苗奠定丰产作用很大。苦荞种子处理主要有晒种、选种、浸种和药剂拌种等方法。

（1）晒种　晒种宜选择播种前 7~10 d 的晴朗天气，将苦荞种子薄薄的摊在向阳干燥的地面席子上，从 10:00—16:00 连续晒 2~3 d。当然，晒种时间应根据气温的高低而定。晒种时要不断翻动，使种子晒匀晒到，然后收装待种。

（2）选种　选种的目的是剔除空粒、秕粒、破粒、草籽和杂质，选用大而饱满一致的种子，提高种子的发芽率和发芽势。选种的方法有风选、水选、筛选、机选和粒选等。风选可借用扇车、簸箕等工具的风力，把轻重不同的种子分开，除去混在种子里的杂物和秕粒。筛选是利用机械原理，选择适当筛孔的筛子筛去小粒、秕粒和杂物。水选则是利用不同比重的溶液进行选种的方法，包括清水、泥水和盐水选种等。

（3）浸种和拌种　温汤浸种也有提高种子发芽力的作用。用 35 ℃温水浸种 15 min 效果良好；用 40 ℃温水浸种 10 min，能提早 4 天成熟。播种前用 0.1%~0.5%的硼酸溶液或 5%~10%的草木灰浸出液浸种，能获得良好的增产效果。用药剂拌种，是防治地下害虫和苦荞病害极有效的措施。用种子量 0.3%~0.5%的退菌特拌种，防治褐斑病。用种子重量 0.3%~0.5%的吡虫啉拌种，防治蝼蛄、蛴螬和金针虫等地下害虫。

（二）合理密植与播种

1. 合理密植

构成苦荞产量的因素主要是单位面积株数、每株粒数和千粒重。只有建立合理的群体结构，使单位面积株数、每株粒数和千粒重协调发展，才能保证理想的产量。合理密植是实现苦荞合理群体结构的基础。苦荞留苗密度的适宜范围，应根据各地自然条件、土壤肥力、品种特点和栽培技术水平确定。

凉山的春、秋荞麦区土壤肥力中等，苦荞留苗密度以每亩 12 万株为宜。据唐宇的试验，苦荞在每亩 6 万～14 万株密度范围内，增加密度，光合强度逐渐减弱，有效分枝数和千粒重下降，但光合物质向籽粒的分配比值增大，单株粒数和粒重增加，进而导致产量增加。密度超过每亩 14 万株，则由于经济性状变差，产量大大下降（表 6-1）。

表 6-1　不同密度对苦荞产量性状的影响

密度/ （株/亩）	单株有效 分枝数	单株粒数/ 粒	单株粒重/ g	千粒重/ g	产量/ （kg/亩）
60 000	3.71	262.1	5.48	20.9	145.9
80 000	3.54	312.5	6.20	20.7	150.0
100 000	3.33	302.9	6.18	20.4	175.1
120 000	3.17	311.8	6.33	20.3	191.8
140 000	3.09	215.5	4.51	20.0	137.6

2. 播　种

播种是否适时，对苦荞主要经济性状和产量很大影响。播种早晚都会影响苦荞的产量。只有适时播种，才能克服不利因素，充分利用有利条件，使苦荞获得高产。苦荞性喜冷凉、稍湿润的气候，苗期宜在温暖的气候中生长，而开花结实期宜在昼夜温差较大的凉爽天气中进行，生育期中高温、干燥均不利于苦荞生长发育。由于各地的气候特点、种植制度不同，各地播种期不能要求一致，其原则：① 在终霜期前后 4~5 d，即冷尾暖头播种，早霜到来之前收获；② 开花结实期，处于当地阴雨天较多，空气相对湿度在 80%~90% 以内，温度在 18~22 ℃，有利于苦荞的开花结实。凉山州地区的苦荞种植分春播和秋播，春播苦荞种植在海拔较高的 1 700~3 000 m 高寒山区，该区无霜期短，气温低，一年一熟，适宜的播种期为 4 月上中旬至 5 月上旬；秋播苦荞则种植在海拔 1 500~2 000 m 的二半山平坝地区，无霜期较长，气温也较高，其适宜的播种期则为 8 月上中旬。同一季节播种，因海拔不同播种期也有差异，确定播种期的原则是"春荞霜后种，秋荞霜前收"。

苦荞的播种方法有条播、撒播和点播三种。在三种方式中，条播有利于提高播种质量，合理密植，有利于个体与群体的协调发展，提高苦荞产量。一般说撒播因撒籽不匀，出苗不整齐，通风透光不良，田间管理不方便，因而产量不高。而点播虽然播种质量高，但因太费工不利推行。不管哪种方式播种，都要控制好播种量。一般苦荞每亩 0.5 kg 种子出苗 1.5 万株左右。因此，苦荞每亩播种量控制为 4~6 kg 为宜。

（三）田间管理

1. 合理施肥技术

苦荞生育期短，生长迅速，因此施肥应掌握以基肥为主，种肥为辅，有机肥为主，无机肥为辅，看苗追肥，增施磷、钾肥的原则。

（1）重施基肥　基肥是苦荞的主要营养来源，一般应占总施肥量的 50%～60%。苦荞多种植在边远的高寒山区和旱薄地上，农家有机肥一般满足不了苦荞基肥的需要，若结合一些无机肥作为基肥，对提高苦荞产量大有好处。通常是农家肥配过磷酸钙、钙镁磷肥、磷酸二铵、硝铵和尿素等。施用时期以播种前深耕时施入最理想，对提高肥料的利用率有利。

（2）适施种肥　种肥的施用能满足苦荞生长初期对养分的需要，对促进苦荞根系发育、提高产量有重要作用。一般每亩用尿素 5 kg、过磷酸钙 15 kg 作为种肥。用尿素做种肥时不能与种子接触，以免烧苗。

（3）看苗施肥　通过适期追肥，弥补苦荞基肥和种肥的不足，满足苦荞正常生长发育的需要。追肥一般宜用尿素等速效化肥，用量一般以每亩 5 kg 为宜。氮肥不宜施得过多、过晚，以避免延迟开花结实和后期倒伏。据李钦元在云南永胜试验，以苗期追肥效果最好，比对照增产 302.1%，花期次之，比对照增产 67.0%。

（4）增施磷钾肥　苦荞生长发育过程中需要磷、钾元素较多，施磷、钾肥可使植株健壮，提高碳水化合物的积累和转运速度，使籽粒饱满。磷、钾肥既可做基肥，也可做种肥或根外追肥。据李钦元研究，开花期根外追肥每亩喷施尿素 0.9 kg，比对照增产 16.32%，喷施磷酸二氢钾 0.3 kg，增产 19.42%。

2. 中耕除草

中耕在苦荞第一片真叶出现后进行。中耕有疏松土壤、增加土壤通透性、蓄水保墒、提高地温、促进幼苗生长的作用，也有除草增肥之效。中耕除草次数和时间根据地区、土壤、苗情及杂草多少而定，春荞 2～3 次，夏、秋荞 1～2 次。

西南春秋荞麦区气温低，湿度大，田间杂草多，中耕除提高土壤温度外，主要是铲除田间杂草和疏苗。一般在苗高 7 ~ 10 cm 时进行第一次中耕，结合间苗，疏去较密的细弱幼苗；第二次中耕除草可结合培土，把行间表土培在植株基部，促进植株不定根充分发育。

3. 灌　水

苦荞是抗旱能力较弱、需水较多的作物。据研究，每形成 1 g 干物质需要消耗 363 ~ 646 g 水。在全生育期中，以开花灌浆期需水最多。我国春苦荞多种植在旱坡地，常年少雨或旱涝不匀，缺乏灌溉条件，生育依赖自然降水，对苦荞产量影响很大。因此，在苦荞生长季节，除了利用自然降水外，苦荞开花期如遇干旱，应及时灌水以满足苦荞的需水要求。苦荞灌水采用沟灌、畦灌均可，但要轻灌、慢灌，以利于根群发育和增加结实率。在地势低洼和多雨的地方，要注意开沟，及时排水。

4. 病虫害防治

苦荞的常见病害有轮纹病、褐斑病、白霉病、立枯病和荞麦籽实菌核病等。在苦荞的虫害中，为害最大的是黏虫、草地螟和钩刺蛾，它们危害苦荞的叶片、花及种子。严重时可以成片地把苦荞叶和花蕾吃光，把种子咬成空壳。

苦荞病虫害的防治应以农田防治为主，辅助以药剂防治。在生产上应合理轮作，清洁田园，实行深耕，以减少病虫来源。同时，通过精耕细作，培育壮苗和加强田间管理，以增强幼苗的抗病和抗虫性。防治荞麦轮纹病、褐斑病、白霉病、立枯病等病害可采用 50 kg 种子加 0.5 kg 40%五氯硝基苯粉拌种，或在苗期喷洒 1∶1∶200 波尔多液或 500～600 倍 65%可湿性代森锌粉溶液。利用粉锈宁，每亩施溶液 35～100 kg，防治苦荞叶部真菌和细菌危害。防治虫害可用 40%乐果乳剂 3000 倍液，防治 3 龄以前的黏虫幼虫；采用 90%敌百虫 800 倍、2.5%的溴氰菊酯 4 000 倍液喷雾，防治 3 龄以前的草地螟幼虫；采用 90%敌百虫 1 000～2 000 倍液喷雾，防治钩刺蛾幼虫，均有良好效果。

二、苦荞有机栽培技术

（一）整　地

有机苦荞麦在生产和加工过程中严禁使用农药、化肥、生长激素、化学添加剂、防腐剂等化学合成物质，严禁使用基因工程技术及其产物，提倡使用有机肥和病虫害生物综合防治等方法。它是具有现代科技含量，集天然、品质、安全卫生等要素为一体的健康食品之一。

（二）基地要求

1. 基地环境

有机苦荞麦生产基地应远离城区、工矿区、交通干线、工业污染源、生活垃圾场等；土壤环境质量符合 GB 15618—1995 中的二级标准，土壤有机质丰富，结构良好，养分充足，保水力强，通气性良好，一般适宜的土壤酸度为 pH 6～7；农田灌溉用水水质符合 GB 5084 的规定；环境空气质量符合 GB3095—1996 中二级标准和 GB 9137 的规定。

2. 基地要求

（1）完整性　有机基地应是完整的地块，其间不能夹有进行常规生产的地块，但允许存在有机转换地块。有机苦荞麦生产基地与常规地块交界处必须有明显标记，如河流、路渠、人为设置的隔离带等。

（2）转换期　转换期一般为 3 年，一直按传统农用生产方式耕作的土地至少要有 1 年的转换期。生产者必须有可操作的转换方案，该方案包括：前 3 年的用肥、用药情况；制订今后保护和改善生态环境的措施；制订能持续培肥土壤肥力的计划和措施；制订防治病虫草害的计划和措施。

（3）缓冲带　有机苦荞麦种植区与常规农田区之间必须有隔离带，隔离带最好是山、河流、湖泊，自然植被一般不少于 10 m。若隔离带有种植的作物，必须按有机方式栽培，但收获的产品只能按常规产品出售。为防止大面积耕作同一作物带来的病虫害的流行，种植布局一定要保持群落的多样性，如不同抗性苦荞麦的搭配、与其他作物间作等。

（三）种子及其处理

1. 品种选择

应选择经审定推广的，适应当地土壤和气候条件，抗病性和抗逆性强、优质高产的品种，同时要充分考虑保护作物的遗传多样性，种子每年更新一次。品种选择标准：选择籽粒饱满、无病虫、无霉变、种形大小均匀一致的新种。

特别注意：荞种不耐贮藏，陈旧的种子出苗率较低。

2. 种子精选

种子经机械分级精选，利用一、二级种子；栽培面积较小的农户，也可以进行人工筛选，剔出秕粒、病粒、杂质等，确保种子的质量。种子质量要达到种子分级标准二级以上，纯度不低于99%，净度不低于98%，发芽率不低于90%，含水量不高于13.5%。

3. 种子处理

药剂拌种应使用植物源性杀虫剂、矿物源性杀虫剂和微生物源杀虫剂。

（四）选地与整地

苦荞忌连作，应选择闲作或在合理轮作基础上，选用有机大豆等前茬作物，不能重茬。播种前要深耕灭茬，精细整地；提倡用减耕、免耕，秸秆还田等措施，提高土壤肥力；在实施每三年一次，以深松为基础，松、翻、耙结合的土壤耕作制时，必须与秸秆还田结合起来；在多雨季节和地势低的地块，要注意开沟排水。

（五）播　种

1. 播　期

凉山州地区的苦荞种植分春播和秋播，春播苦荞种植在海拔 2500 m 以上的高寒山区，适宜的播种期为 4 月上中旬至 5 月上旬；秋播苦荞则种植在海拔 1 500～2 000 m 的二半山平坝地区，适宜的播种期为 8 月上中旬。同一季节播种，因海拔不同，播种期也有差异，确定播种期的原则是"春荞霜后种，秋荞霜前收"。

2. 播　法

苦荞的播种方法有条播、撒播和点播三种。在三种方式中，条播有利于提高播种质量，合理密植，有利于个体与群体的协调发展，提高荞麦产量；一般认为撒播因撒籽不匀，出苗不整齐，通风透光不良，田间管理不方便，因而产量不高；而点播虽然播种质量高，但因太费工，不利推广。

3. 密　度

播种密度应根据品种、地势和茬口而定。一般每公顷播种量控制在 60～90 kg 为宜。

4. 播　量

按每公顷保苗株数、千粒重、发芽率、清洁率和田间保苗率（90%～95%）计算播量。

（六）田间管理

1. 施　肥

根据苦荞麦生长和需肥情况补充，生产用肥料应以本有机生产系统内资源循环利用为主，适当购进外部肥源。如使用经 1～6 个月充分腐熟的有机堆肥，人粪尿和畜禽粪便必须经过高温发酵无害化处理。每公顷施用优质农肥 30 t，结合翻地或耙地一次施入。在使用前必须明确已经得到有机食品认证部门认可和颁发证书，并严格按照使用说明书的要求操作。种肥分箱播下，切勿种、肥混拌。

2. 除 草

采用人工除草和中耕机械除草方法。苦荞长出 2～3 片真叶时，结合追肥进行中耕除草，可达到松土、培土、除草的目的。如果出苗过密，应疏苗，间除多余的弱苗。分枝前若长势较弱，可结合追肥进行第 2 次中耕除草；若长势较旺，不需追肥和中耕，只需人工拔除杂草即可。

3. 灌 水

苦荞麦是抗旱能力较弱、需水较多的作物，特别是开花、结实、灌浆期，缺水会引起花败育，授精果实也会停止发育，造成籽粒减少和秕壳增多，此时若遇干旱，加之土壤保墒能力弱，会造成大减产。因此，荞麦开花期如遇干旱，应及时灌水以满足荞麦的需水要求。苦荞灌水采用沟灌、畦灌均可，但要轻灌、慢灌，以利于根群发育和增加结实率。

4. 病虫害防治

遵循"预防为主、综合防治"的策略，从整体生态系统考虑，运用综合防治措施，创造不利于病虫孳生和有利于各种天敌繁衍的环境条件，保持生态系统平衡和生物的多样化，以减少病虫害的发生。做好病虫害预测预报，有针对性地采取各种预防措施。以物理和人工防治为主，只有当病虫害达到或超过经济阈值，即将造成经济损失时，才采用化学防治方法，农药使用应符合 GB/T 19630.1—2005 的要求。

（七）收　获

当苦荞麦全株 2/3 籽粒成熟，即籽粒变为褐色、银灰色，呈现本品种固有颜色时收获。收获时间最好在早晨露水未干时进行，并注意轻割轻放，以减少落粒。苦荞含有较高的脂肪和蛋白质，对高温的抗性较弱，高温会造成蛋白质变质，使其品质变劣，生活力、发芽力下降，故苦荞不宜长时间贮藏。贮藏时，要求仓库具有良好的防潮、隔热、通风、密闭性能。苦荞收获后要及时脱粒晾晒，降低籽粒含水量，含水量 13%以下及时入库。

（八）其　他

对有机苦荞麦生产过程，要建立田间技术档案，做好生产过程的全面记载，并妥善保存，以备查阅。

三、苦荞机械化栽培

荞麦在我国主要分布于山区或丘陵地区，作为填荒救灾的主要小杂粮之一。这些地区大多受地形条件的限制，土块较小，交通落后，机械化实施难度大。加之，这方面研发基本处于空白，荞麦的机械化栽培仍处于空白或起步阶段，尤其是南方苦荞麦种植区，荞麦机械化栽培难度更大。生产中，荞麦主要以条播、穴播、撒播为主要播种方式，多年来主要依靠畜力或人力耕地，经过撒肥、撒种、耕地、耱地等多道工序，收获则完全采用人工收获，耗时费力，效率低下。尽管北方甜荞种植区地形较南方平坦，可采用机械耕地，但从总体上说，荞麦的机械化程度仍远远落后于其他作物。缺乏新型播种、收获机械，限制了荞麦生产力水平的提高。

近年来，为了改变落后的传统种植模式和方法，北方地区（陕西靖边）农业科技人员在荞麦机械化栽培方面进行了积极的探索和研究，并取得了一系列的研究成果。主要通过对多功能播种机和履带式谷物联合收割机进行改进，结合农艺技术措施，克服了荞麦籽粒小、播种机不易播种，结实位低不易机收，种植地块有坡度等困难，先后在靖边县镇靖乡榆沟村、宁条梁镇西园则村等地试种试收超过 33.3 hm²，成功实现了荞麦机播机收作业。成都大学也在西南地区对荞麦小型机械播种进行了研究，发现机械播种深度及覆土对荞麦苗的素质影响较为显著。4 cm 播深有利于培育荞麦壮苗；播深 2 cm 时表现为出苗率差，基本苗和成苗率低，根系活力、茎粗、干物重、单株叶面积及叶绿素含量下降；播深 6 cm 时地中茎过长导致出苗率下降，株高、干物重、单株叶面积、茎粗和叶绿素含量均降低。覆土有利于提高荞麦的出苗率和根系活力，干物重增加，地中茎适度增长，幼苗素质较不覆土时高。在机械播种后进行荞麦苗素质评价时，应选择株高、根系活力、总干物重、根干重、茎粗、单株叶面积、地中茎长度和子叶节长度等指标，能够准确地反映荞麦苗素质。

在机械播种过程中，涉及较多的技术和操作要点，现就目前研究已形成的主要机械栽培技术要点进行简要介绍。

1. 品种选择

采用机械播种时应该选择荞麦籽粒较大的品种。因为在机械播种过程中，若荞麦籽粒较小，则播种时荞麦种子播种量不易控制。若选择的荞麦种子较小，则可加入颗粒状肥料来调节荞麦的播种量，此法既调节了播种量同时又可施入种肥，可谓一举两得。但在肥料的选择上，应该选用不影响荞麦种子出苗的种肥。在品种的选择上，优先选用种子颗粒大的品种，陕西地区选择榆荞4号、榆荞3号，这两品种需肥水平高，粒大高产，有利于播种。另外，榆荞4号、榆荞3号结实位比当地传统品种高，有利于机械收割（王树宏等，2011）。四川地区则可选择川荞系列、西荞系列或当地颗粒较大的品种进行机播。

2. 地块选择

王树宏等（2011）在研究荞麦机播时，采用了约66.2 kW（90马力）的大型拖拉机作为牵引动力，同时配备旋耕机、播种机、耱，耕地、播种、施肥、耱地一次性作业完成，播种宽度2.3 m，适宜在坡度15°以下，地块面积0.2 hm² 以上，无起伏状山丘、深坑洼地的地块作业。与小型机械比较，对坡度要求放宽，可适宜机播地块增加，但面积越大越好。在南方丘陵区或高山地区，由于受地形的制约，大型机械不适宜发展，应该着力探索和发展小型机械，以适应当地的需要。

3. 种植方式

机械播种一般是进行条播。荞麦机械播种也可按条播进行，行距可根据荞麦生产的需要设计机械参数，选择适宜于荞麦生长的行距。一般情况下 20～35 cm 均可，根据密度进行选择。

4. 适时抢墒播种

荞麦进行机械播种，若配套翻地、播种、施肥、耙糖覆土平地，四道工序一次完成，土块细碎，则能减少土壤水分消耗，失墒较轻。而且速度快，效率高，保墒抢种不误农时，能极大缓解因干旱造成的土壤失墒情况。

5. 荞麦机收

王树宏等（2011）在荞麦收获时，采用自走履带式谷物收割机，每小时可收获 0.4～0.53 hm²，收获效果较好，填补了荞麦机械化收获的空白。机收荞麦每公顷需 900 元，而人工收获每公顷需收割费 1 500 元、打场归仓费 450 元，每公顷可节支 1 050 元，深受农民欢迎。山西大同雁门清高食业有限公司用"谷神"轮式收割机收割苦荞，每公顷收割费用 300 元。因此，荞麦机播机收技术的推广应用，对于进一步减轻农民劳动强度，提高生产效率，降低生产成本，促进农民增收、农业增效具有十分重要的意义。

四、大棚苦荞菜栽培技术

苦荞菜又名芦丁香菜，指利用蓼科（Polygonaceae）荞麦属（*Fagypyrum gaerth*）双子叶植物苦荞籽粒培育出的幼茎和叶。苦荞菜含有丰富的蛋白质、氨基酸、无机盐、维生素、黄酮类物质及膳食纤维，对高血压、高血脂、高血糖、直肠癌等人类疾病有很好的防治作用，是食药兼用的健康蔬菜。生物类黄酮使苦荞菜具有较好的祛痰，止咳作用和一定的平喘作用，并有利于食物的消化和营养物质的吸收。苦荞菜中含有丰富的维生素和矿物质，因此苦荞菜具有较高的开发利用价值。

苦荞菜喜欢温暖而湿润的气候，发芽的适宜温度为 15 ~ 30 °C，生长发育的适宜温度为 18 ~ 22 °C，在 13 ~ 33 °C 范围内均可生长，但耐低温的能力较差。其耗水量较小麦、大麦等作物高，在高湿条件下生长快。适应性强，瘠薄土壤或微酸性土壤或新垦地块均可种植，但产量较低。苦荞菜生长周期短，生长快，适应性强，但在养分充足、结构良好、保水保肥能力强、通透性好的土壤中生长良好。苦荞菜喜温、喜湿，且偏于凉爽的气候，苗前期怕水，苗中前期喜潮湿，怕旱，能忍受低温，怕冰霜冻害，且易受土传猝倒病、立枯病和褐斑病危害；虫害主要是菜粉蝶（幼虫、菜青虫）和蚜虫。

（一）精细整地

苦荞菜播种前，采用微耕机将土地旋挖 5 ~ 15 cm，耙平大块土壤，使土壤疏松，上虚下实，以利于出苗；开好厢面中沟，沟深 20 cm、宽 20 cm，开沟所起泥土经碎细后均匀铺盖厢面，厢面高低一致；提高播种质量，每亩用种 9 ~ 10 kg，播种后不需盖种，但要播种到边，避免漏播和重播。

（二）合理施肥

1. 底　肥

每亩选用腐熟有机肥 1 000 kg 或菜籽枯 50 kg，添加过磷酸钙 25 kg，混合均匀撒施后旋耕整地，之后亩用尿素 4～5 kg 均匀撒施后播种。

2. 追　肥

一叶一心时视苗情每亩适量追施尿素 2～3 kg、硫酸钾 3～4 kg，均匀撒施后及时灌足促肥水。

（三）科学排灌水

苦荞菜喜欢温暖、潮湿的土壤，若地下水位高，土壤湿度大，易发生猝倒病、立枯病和褐斑病；而土壤表面干旱，苦荞菜生长缓慢、品质差且产量低。因此，要视土壤、苗情、天气情况严格排灌水。

1. 灌透播后出苗水

苦荞菜出苗期需水量较大，历时 4～8 d，现真叶 6～7 d，以后 3～4 d 现一片叶。因此出苗水一定要灌足，可采用沟灌浸厢水或喷灌沟内有积水，保证一次全苗。

2. 苗期水分管理

冬春温度低、蒸发量少，应少灌水，增加灌水次数；夏秋温度高，蒸发大，需根据生育阶段灌足水，一叶一心前灌足水，2～3 叶控水或少量喷水，3 叶以后保证土壤潮湿，以免病害的发生。

3. 深沟高厢降低地下水位

排灌主沟深于棚间沟，棚间沟深于厢内种植沟，并采取高低畦的种植模式。

（四）严防病虫害

苦荞菜病害主要是猝倒病、立枯病、褐斑病，虫害主要是菜粉蝶幼虫、蚜虫和潜叶蝇。猝倒病由假菌界卵菌门真菌引起，在 12~18 cm 表土中越冬，并在土中长期存活，条件适宜时，借灌溉、雨水溅附到贴近地面的根茎引发危害；立枯病、褐斑病由真菌界半知菌引起，立枯病病菌可在土中存活 2~3 年，通过雨水、喷淋、带菌有机肥和农菜进行传播，刚出幼苗和大苗均可受害；褐斑病属种子、植物残体来源侵染，条件适宜，借风、灌溉进行传播，若偏施氮肥、高温、高湿，其发病更为严重；菜粉蝶、蚜虫、潜叶蝇，则以繁殖为害，需清理田边和地间杂草，做好田园卫生工作。

1. 病害防治

（1）拌种　每千克种子用 95%恶霉灵精品 0.5~1.0 g 和 80%多福·福锌可湿性粉剂 4g 混合拌种。

（2）苗期防治　傍晚用 30%苯醚甲·丙环乳油 2000~2500 倍或 10%苯醚甲环唑水分散粒剂 1000~1500 倍液喷透土表。

2. 虫害防治

虫害主要是环境迁入，重在环境、田园清洁，以减少外来危害，做到勤查、早发现、早防治，减少繁殖量。而针对害虫对症下药，一般情况下不打药，减少药污染。病虫害重在预防，土壤进行药剂处理并带药播种，出苗后勤查勤看。主要防治菜粉蝶幼虫、蚜虫，在一叶一心期用 55% 氯氰·毒死蜱乳油 2000～2500 倍液防治。

（五）大棚栽培保温降温措施

1. 保温措施

冬春夜间温度下降到 7 ℃ 以下时，设施内加小拱覆盖防冻膜；白天气温升到 30 ℃ 以上时早揭晚盖；白天 13:00—15:00 必须测气温，25 ℃ 以下时，昼夜覆盖防冻膜；连续两天以上低温，每天下午 16:00 后，大棚小拱揭膜换气 2 h；或棚内温度降至 18 ℃ 以下时盖膜，四周的设施膜压严实；小拱膜盖完整后，关严棚门保温，严禁过风；棚内土壤保持湿润，尽量少灌水，可提高土温和减轻病虫危害。

2. 降温措施

夏秋高温季节采用单棚膜覆盖，升高升平固定四周棚膜，温度超过 33 ℃ 时，覆盖遮阴网或棚膜面刷泥浆以降温；严格把握土壤湿润，保证苦荞菜在凉爽环境下生长，同时减轻病虫危害。

（六）其他注意事项

1. 棚内温湿度调控

苦荞菜病害主要是猝倒病、立枯病、褐斑病，棚内高温高湿时发病严重，所以严格控制温度和湿度是预防病害侵染的关键措施。大棚内温度需控制在 18~33 ℃ 内，土壤持水量 60%~70%甚至以下，空气湿度 16%~17%甚至以下；特别注意关膜增大土壤和空气的湿度，升膜放风降低土壤、空气湿度和增加 CO_2 的交换。

2. 防 洪

加固排灌沟和棚间沟的高度和宽度；清理排灌沟、棚间沟的淤泥，杜绝堵水、积水现象。

3. 风 害

严格压膜绳的加固，破膜及时更换和修补严实；南北棚膜压严实。因冬春是发生风害极为严重的阶段，需随时做好防护措施和预案准备工作。

4. 防 冻

加强对冬春气候温度的预测，防范低温、霜冻和冰雪危害的防范措施；对棚内土壤湿度、空气湿度预测，防范土壤、空气湿度大而造成夜间低温凝聚冰滴冻害的发生。做到早防范，早做应急措施，预防冰霜冻害的同时做到白天 CO_2 的更换措施。

第七章　收获与贮藏

　　苦荞与其他粮食作物一样，收获与储存至关重要，收获时期的把握与储存的好坏直接关系到苦荞产量的高低和品质的好坏。苦荞不同于其他粮食作物，具有无限生长特性，边开花边结实，同株上籽粒成熟不一致，结实后期早熟籽粒易落，所以掌握适时收获是高产苦荞丰收不可忽视的最后一环。若收获时期掌握不好，极易造成苦荞籽粒的损失，严重影响苦荞的产量。生产实践中因收获失误一般会减产30%～50%。因此，收获时间的把握至关重要。

　　苦荞种子无休眠特性，若储存不当，很容易导致籽粒生活力下降，难以保证其原有的品质。通常认为，从苦荞种子生理成熟后，劣变就已开始，劣变过程中，种子内部将发生一系列生理生化变化，变化的速度取决于收获、加工和储存条件。劣变的最终结果导致种子生活力降低，发芽率、幼苗生长势以及植株生产性能降低。因此，由于不同苦荞品种籽粒的化学组成、形态、结构和收获时期不同，要根据不同地区或品种的特性，灵活地采用不同的储存方法，从而保证其营养品质，使其能够长期安全地储存。

一、收　获

由于苦荞的开花期较长，一般 20～40 d，籽粒成熟时间极不一致，在同一植株上可以同时看到完全成熟的种子和刚刚开放的花朵。成熟的种子由于风雨及外力振动极易脱落，导致苦荞减产。因此及时和正确地收获是苦荞获得高产的关键。一般以植株 70%籽粒呈现本品种成熟色泽为成熟期（也即全株中下部籽粒呈成熟色，上部籽粒呈青绿色，顶花还在开花），此时即可收获。过早收获，大部分籽粒尚未成熟；过晚收获，籽粒大量脱落，从而影响产量。

苦荞收获时应尽量在露水干后的上午进行，割下的植株应就近码放。云南迪庆苦荞产区的做法是：刈割后将苦荞上部紧靠在一起，茎基部向四周分开，形成锥型竖立田间，待风干 5～6 d 以后，在田间进行脱粒，脱粒前后尽可能减少倒运次数。晴天脱粒时，籽粒应晾晒 3～5 d，充分干燥后贮藏。通过净选工序筛出的秕粒和后熟的青籽也应收藏起来，除农家用作饲料外，也可用作酿造、提取药物或色素等的工业原料，不应废弃。收获期应注意气象预报，特别注意大风天气，防止落粒和倒伏造成的损失。苦荞种子入库的含水量以 9%～12%为宜，不得超过 15%。

二、储　存

由于苦荞比一般禾谷类作物含有较高脂肪和蛋白质，对高温的抗性较弱，遇高温蛋白质会变性，品质变劣，生活力、发芽率下降，故苦荞的贮藏条件要求较高，对仓库要求具有良好的防潮、隔热性能，又要求仓房具有良好的通风和密闭性能。此外，苦荞收获后要及时脱粒晾晒，降低籽粒含水量，一般苦荞籽粒的含水量降至13%以下才可入库，适宜低温储存。

苦荞的储存与气象条件的关系也较为密切，在我国西北气候较为干燥地区储存较为容易，而南方地区由于湿度比较大，尤其是夏季，高温潮湿极易导致种子的胚芽变质。种子的生命活动影响仓库内环境的变化，同时外界环境也会影响种子堆温和湿度的变化。为了安全贮藏种子，在存放期间要定期检查影响种子安全贮藏的各种因素，以便及时处理。

一般情况下，储存种子的仓库可分为普通贮藏库、冷藏库，以及以保存种质资源为目的的种质资源库。用于储存种子的库房，应具备防水、防鼠、防虫和防菌、通风、防火等基本条件。普通库多利用换气扇调节温度和湿度，应选择地势较高、气候较为干燥、冬暖夏凉、周围无高大建筑的场地，建造时坐北朝南，要有良好的密封和通风换气性能。入库前的苦荞，应根据苦荞的特点、用途、质量及存放时间、气候条件等，采用灵活的贮藏方式，或散装堆放，或用各式仓库，以达到长期安全储存的目的。

在苦荞种子贮藏过程中，要经常注意对种子的检查观察，若发现种子水浸、发热、霉变及虫害时，应及时处理，以免造成损失。若遇雨水打湿种子或水浸，应及时进行摊晾、暴晒或烘干。发生霉变的种子，应单独存放，及时处理。发生虫害时，应及时清理仓房，杜绝虫源，也可采用熏蒸剂杀虫，但应注意保证药剂的安全。

第八章　苦荞食用方法及加工品

一、食用方法

苦荞是营养丰富的粮食作物,其营养成分易被人体吸收。苦荞的食用方法,风格各异。现简略介绍几种:

1. 苦荞米饭(粥)

将苦荞的籽实脱去皮壳,再过筛后即可得到荞米,加水煮食,即是营养丰富的苦荞米饭或苦荞米粥。

2. 苦荞粑

将苦荞籽实脱壳,除去皮壳,磨细,过筛后得到苦荞粉。取苦荞粉若干,加适量水和成面团,将面团擀成扁圆形,上笼蒸熟即成。这是彝族人民最常食用的一种苦荞食品。

3. 苦荞摊饼

苦荞面适量,加 2~3 个鸡蛋和适量糖,分次加水拌和成稠糊状,将平底锅烧热,涂上油,倒入适量面糊,并使面糊均匀布满锅底,几分钟后即可出锅。

4. 苦荞千层饼

苦荞面适量,加水拌和成稠糊状后(也可加少许鸡蛋和白糖），将扁锅加热涂油，倒入适量的面糊，并使面糊均匀布满锅内，一会儿将面饼翻身，再在其上倒入薄层面糊，待下部熟后再翻身加薄层面糊，如此反复多次即得松软层多的千层饼。

5. 苦荞发糕

将苦荞面加水调成糊状，再将酵母和糖倒入调匀，让其自然发酵。发酵好的荞面糊倒入小容器内放入蒸笼蒸熟，即成香甜、松软可口的苦荞发糕。

二、加工品

1. 苦荞粉

将苦荞籽粒清洗干净后脱壳、过筛，分离出外壳和苦荞颗粒，再经研磨过筛而成。经这种加工方法，可生产出苦荞精粉、苦荞颗粒粉、苦荞疗效粉等产品。这些苦荞粉口感、营养保健效果不同，人们可根据自己的需要选择食用或用来加工其他食品。

2. 苦荞蛋糕

苦荞蛋糕营养丰富，软绵适口，容易消化，非常适合老年人和儿童食用。其原、辅料为苦荞面、小麦面、糖及鸡蛋等，加工方法与一般的蛋糕相同。

3. 苦荞挂面

苦荞挂面营养丰富，疗效作用高，对控制糖尿病十分有效，降血脂的效果明显，是糖尿病和高血脂患者的理想食疗佳品。其原、辅料选用苦荞面、精制小麦粉、盐等，颜色为黄绿色。

4. 苦荞方便面

苦荞方便面具有携带方便、营养丰富，能溶解胆固醇，减少动脉硬化等特殊作用。方便面食用方便，可用开水泡食，开水煮食，老少皆宜。原、辅料为苦荞面、小麦精粉及盐等。

5. 苦荞面包

按普通面包的做法，减少小麦粉而添加一定量的苦荞粉即做成了苦荞面包。苦荞面包松软可口，有特殊香味，是中老年人营养保健的食品，更适合于糖尿病、高血脂及胃病患者食用。其原、辅料为苦荞面、小麦粉、盐及酵母等。

6. 营养快餐粉

本品食用方便，加适量糖后用开水或牛奶冲食即可。其营养丰富，富含较高的蛋白质、维生素和矿物质，适合上班族、中老年人及儿童食用。加工方法采用苦荞粉膨化后磨细过筛，配以不同比例的大豆粉、花生或芝麻粉而成。糖尿病人可加盐或不含蔗糖的甜味剂食用。

7. 苦荞饼干

饼干分为甜、咸两种，甜的分为加糖或加甜叶菊苷两种，加甜叶菊苷适合糖尿病人食用。其饼干酥脆，甜咸适口，适合糖尿病、高血脂患者及中老年人、儿童食用。

8. 苦荞酒

苦荞酒以苦荞籽、小麦、高粱等为原料，经发酵、酿制而成。酒质清冽甘爽，醇香浓郁。

9. 苦荞醋

使用苦荞、小麦、豌豆等原料酿制而成。酸味柔和，营养丰富，味美可口，既能佐餐，又益于人体健康。

10. 苦荞茶

用苦荞脱壳的荞米或碎粒，经添加配料制成袋茶。苦荞茶颜色清亮，适用于心血管病人、中老年人饮用。

除此以外，苦荞叶、花中的黄酮、芦丁含量大大高于其籽粒，国内外现正积极开展对苦荞的综合利用，从中提取有效成分，将其制成各种糕点、糖果、食品、饮料（茶、酒等）、调味品、天然色素、药品、化妆品等。作为一种营养保健的新型食品，苦荞及其各种制成品会越来越受到人们的青睐。

参考文献

［1］巩发永. 压力和水分对苦荞米花气流膨化倍数的影响[J]. 食品研究与开发，2016，37(14)：8-10.

［2］巩发永. 气流膨化对苦荞全麦茶品质的影响[J]. 湖北农业科学，2013，52(16)：3908-3911.

［3］巩发永，张忠，肖诗明. VP苦荞凉茶基料的研制[J]. 农产品加工（学刊），2013(10)：17-21.

［4］巩发永. 苦荞凉茶基料的制备[J]. 食品工业，2013，34(05)：13-16.

［5］巩发永. 膨化方式对苦荞粉品质的影响[J]. 食品科技，2013，38(04)：168-171.

［6］巩发永. 苦荞面包配方的优化[J]. 现代食品科技，2013，29(01)：118-121.

［7］张忠，巩发永，肖诗明. 碳酸钾与魔芋精粉添加量对苦荞挂面品质的影响[J]. 西昌学院学报（自然科学版），2012，26(04)：24-28.

［8］张忠，巩发永，肖诗明. 苦荞皮粉中槲皮素浸提条件的研究[J]. 农产品加工，2012(12)：59-61.

［9］巩发永，张忠，肖诗明. 干燥方式对苦荞米品质的影响[J]. 农产品加工，2012(10)：65-66.

［10］巩发永，肖诗明，张忠. 苦荞芽添加量对挂面品质的影

响[J]. 西昌学院学报（自然科学版），2012，26(03)：20-22.

[11] 巩发永，肖诗明. 凉山州苦荞茶产业现状及发展思路[J]. 江苏农业科学，2012，40(08)：418-419.

[12] 巩发永，肖诗明，张忠. 苦荞奶茶的配方优化[J]. 中国酿造，2012，31(08)：166-167.

[13] 张忠，巩发永，肖诗明. 苦荞麦复配粉配方及烘焙条件的优化[J]. 湖北农业科学，2011，50(24)：5224-5226.

[14] 巩发永. 凉山州苦荞茶总黄酮含量对比及分析[J]. 湖北农业科学，2011，50(18)：3811-3814.

[15] 李静，肖诗明，巩发永. 凉山州苦荞高产栽培技术[J]. 现代农业科技，2011(09)：84.

[16] 李静，袁继超，蔡光泽，等. 凉山州土壤与苦荞镉和铜含量关系及污染评价[J]. 现代农业科技，2010(21)：307-308.

[17] 周建华，刘松艳，巩发永. 两种分光光度法测定苦荞中黄酮含量的比较[J]. 江苏农业科学，2008(05)：247-251.

[18] 林巧，巩发永，肖诗明. 苦荞制品中黄曲霉毒素的污染及控制[M]. 成都：西南交通大学出版社，2016.

[19] 林汝法. 苦荞举要[M]. 北京：中国农业科学技术出版社，2013.

[20] 顿矛，刘建刚. 苦荞与荞麦加工技术[M]. 石家庄：河北科学技术出版社，2013.

[21] 赵刚，陕方. 中国苦荞[M]. 北京：科学出版社，2019.

[22] 卢扬，刘小进，王孟，等. 苦荞栽培与利用[M]. 北京：中国农业科学技术出版社，2018.

[23] 宋维际，赵高慧，王莉花. 苦荞栽培与加工[M]. 昆明：

云南科技出版社，2010.

[24] 黄金鹏. 荞麦种植新技术[M]. 武汉：湖北科学技术出版社，2011.

[25] 常克勤. 荞麦莜麦高产栽培技术[M]. 银川：宁夏人民出版社，2009.

[26] 肖诗明. 苦荞麦食品生产技术研究[M]. 成都：西南交通大学出版社，2007.

[27] 林汝法，李永青. 荞麦栽培[M]. 北京：农业出版社，1984.

[28] 刘光德. 荞麦产业技术与发展[M]. 北京：中国农业出版社，2015.

[29] 赵钢，彭镰心，向达兵. 荞麦栽培学[M]. 北京：科学出版社，2015.

[30] 南成虎，乔治军. 荞麦种植与加工[M]. 北京：金盾出版社，2002.

[31] 王斌，王宗胜，刘小进. 黄土高原荞麦实用种植技术[M]. 北京：中国农业科学技术出版社，2016.

[32] 潘建刚，咸丰. 荞麦遗传改良及资源化利用[M]. 北京：中国农业科学技术出版社，2015.

[33] 赵钢，邹亮. 荞麦的营养与功能[M]. 北京：科学出版社，2012.

[34] 陈庆富. 荞麦属植物科学[M]. 北京：科学出版社，2012.

[35] 段志龙，王常军. 陕北荞麦研究[M]. 北京：中国农业科学技术出版社，2012.

[36] 王鹏科. 荞麦食品[M]. 咸阳：西北农林科技大学出版社，2016.

[37] 任长忠，赵钢. 现代农业科技专著大系 中国荞麦学
[M]. 北京：中国农业出版社，2015.

[38] 林汝法. 中国荞麦[M]. 北京：中国农业出版社，1994.

[39] 凉山州编译局. 凉山荞麦栽培[M]. 成都：四川民族出
版社，1981.

[40] 赵钢. 荞麦加工与产品开发新技术[M]. 北京：科学出
版社，2010.

[41] 张宗文，郑殿升，林汝法. 燕麦和荞麦研究与发展[C]//
第一届和第二届全国燕麦荞麦学术研讨会论文集. 北
京：中国农业科学技术出版社，2010.

[42] 全国荞麦育种，栽培及开发利用科研协作组. 中国荞麦
科学研究论文集[C]. 北京：学术期刊出版社，1989.

[43] DB 51T 812—2008，苦荞麦生产技术规程.

[44] GB/T 10458—2008，荞麦.

[45] DB 140400/T 013—2004，绿色农产品 苦荞麦生产操作
规程.

[46] DB 34/T 1316—2010，苦荞麦有机种植技术规程.

[47] NY/T 894—2014，绿色食品荞麦及荞麦粉.

附录 苦荞栽培相关标准

附录1 苦荞麦生产技术规程
Technical Procedures of Tartary Buckwheat Production

目录

前言

本标准由四川省农业厅提出并归口。

本标准由四川省质量技术监督局批准。

本标准由四川省农业技术推广总站、凉山州西昌农科所、凉山州农业科学技术推广站负责起草。

本标准主要起草人：李发良、阮俊、卢学兰、曹吉祥、苏丽萍、朱剑锋、李军等。

苦荞麦生产技术规程

1 范围

本标准规定了苦荞麦生产的有关定义、生产技术、肥料使用、病虫防治以及收获贮藏等要求。

本标准适用于四川省苦荞麦生产区。

2 规范性引用文件

下列文件中的条款通过本标准的引用而成为本标准的条款。凡是注日期的引用文件，其随后所有的修改单（不包括勘误的内容）或修订版均不适用于本标准，然而，鼓励根据本标准达成协议的各方研究是否可使用这些文件的最新版本。凡是不注日期的引用文件，其最新版本适用于本标准。

GB 4404.4　食作物种子　荞麦

GB 4285　农药安全使用标准

GB/T 8321　农药合理使用准则

NY/T 394　无公害农产品肥料施用原则

DB 51/336　无公害农产品（或原料）产地环境条件

DB 51/337　无公害农产品农药使用准则

DB 5134/T13　无公害荞麦生产技术规程

3 术语及定义

苦荞麦 *Fagopyrum tataricum* (*L.*) Gaerth

亦称鞑靼荞麦，属蓼科（Polygonaceae）荞麦属（*Fagopyrum Gaerth*）一年生双子叶草本植物，英文名 tartary buckwheat，为荞麦属中仅有的二个栽培种之一，生长于高寒地区，四川主要分布在凉山州海拔较高的高寒地带，彝族称为"额"。

4　生产技术管理措施

4.1　基地选择

选择生态条件好、无污染、灌排方便、土壤肥沃、不含残毒和有害物质的地块，并应完全符合 DB5 1/336、DB 5134/T13 规定的生产基地空气、水、土壤等质量控制标准。

4.2　品种选择

选用通过国家或地方审定并在当地示范成功的优质、高产、抗病苦荞麦品种。种子质量应符合 GB 4404.4 的规定。

4.3　种子处理

种子处理采取晒种、选种、浸种和药剂拌种等办法。

4.3.1　晒种

播种前 7 d～10 d 选择晴朗天气，将种子薄薄地摊在向阳干燥的地上或席上晒种，时间应根据气温的高低而定，气温较高时晒 1 d 即可

4.3.2　选种

采用风选、水选、泥选、粒选等方式。

4.3.3　温汤浸种

用 35 ℃～40 ℃ 温水浸 10 min～15 min。用下列微量元素溶液之一浸种：钼铵酸（0.005%）、高锰酸钾（0.1%）、硼砂（0.03%）、硫酸镁（0.05%）、溴化钾（3%），可促进苦荞麦幼苗的生长和产量的提高。

4.3.4　药剂拌种

在晒种和选种之后，用种子重量的 0.3%～0.5% 的辛硫磷或吡虫啉拌种，将种子拌匀后堆放 3 h～4 h，再摊开晾干，预防小地老虎、蛴螬、金针虫等地下害虫。

4.4 选茬整地

4.4.1 选茬

忌连作。选择前作为豆类、马铃薯；其次是玉米、小麦、燕麦茬口。

4.4.2 整地

前作收获后，及时浅耕灭茬，然后深耕。

在多雨季节及地势低洼易积水之地和稻田种植苦荞麦，作畦开沟排水，防治湿害。

4.4.3 播种

4.4.3.1 播种期

春播在3月下旬至4月下旬（清明前后），夏播在6月中下旬（夏至前后），秋播在8月上中旬至9月上旬（立秋前后）。

4.4.3.2 播种方式及密度

4.4.3.2.1 条播

根据地力和品种的分枝习性分窄行条播和宽行条播，条播以5 m～6 m开厢，播幅13 cm～17 cm，空行20 cm～25 cm。条播以南北垄为好。在中等肥力土壤，条播种植12～15万株/666.7 m²。根据土壤肥力、品种、季节等确定播种量，每666.7 m²播种4 kg～6 kg。春播，每666.7 m²播种6 kg；夏播，每666.7 m²播4 kg；秋播，每666.7 m²播种5 kg。

4.4.3.2.2 点播

5 m～6 m开厢，行距27 cm～30 cm，窝距17 cm～20 cm，每窝下种8粒～10粒种子，待出苗后留苗5株～7株。

4.4.3.2.3 开厢匀播

厢宽3 m～4 m，厢沟深20 cm，宽33 cm，播种均匀，每666.7 m²播饱满种子5 kg。

4.5 田间管理

4.5.1 苗期管理

出苗后要采取积极的保苗措施。出苗后遇干旱要抗旱保苗；遇雨要开沟排湿。

4.5.2 中耕除草

中耕除草次数和时间根据地区、土壤、苗情及杂草多少而定。第一次中耕除草在幼苗 6 cm ~ 7 cm 时结合间苗疏苗进行第二次中耕在苦荞麦封垄前，结合追肥培土进行，中耕深度 3 cm ~ 5 cm。

4.5.3 灌溉浇水

春、秋苦荞麦种植区，有灌溉条件时，在开花灌浆期如遇干旱，应灌水满足其需水要求，以保证高产。

5 施肥

5.1 肥料使用原则

必须选用 NY/T 394 规定可以施用的肥料种类。以"基肥为主、种肥为辅、追肥为补"，"有机肥为主、无机肥为辅"。

5.2 基肥

施用量应根据地力基础、产量指标、肥料质量、种植密度、品种和当地气候特点科学掌握。

种肥以 P2O5 计 4.8 kg/666.7 m^2 磷肥为高产的主要技术指标。过磷酸钙、钙镁磷肥或磷酸二铵作种肥，可与荞麦种子搅拌混合使用。硝酸铵和尿素作种肥时注意不能与种子直接接触，要远离种子，否则易"烧苗"。

5.3 追肥

追肥应视地力和苗情而定：地力差，基肥和种肥不足的，出苗后 20 d ~ 25 d，封垄前必须补进追肥；苗情长势健壮的可不追或少追；弱苗应早追苗肥。追肥宜用尿素等速效氮肥，用量以纯氮计，2.3 kg～3.7 kg/666.7 m² 为宜。无灌溉条件的地方追肥要选择在阴雨天气进行。

6 病虫防治

6.1 防治原则

坚持"预防为主，综合防治"的植保方针。提倡采取农业防治、利用频振式杀虫灯诱杀害虫等物理防治和生物防治等措施，化学防治应按照"GB 4285 农药安全使用标准"、"GB/T 8321 农药合理使用准则"、"DB 51/337 无公害农产品农药使用原则"进行，选用高效、低毒、低残留农药，禁止使用高毒、高残留农药或有"三致"作用的药剂及拟除虫菊酯类农药。

6.2 荞麦害虫

6.2.1 粘虫

可根据测报情况，在田间采摘卵块，搜集烧埋枯心苗、枯黄叶，把成虫消灭在产卵以前，把卵消灭在孵化以前，把幼虫消灭在 3 龄以前。幼虫发生密度大时，于上午九时前和下午四时后，可将幼虫震落在容器内或地下，集中消灭幼虫。

6.2.2 钩刺蛾

利用幼虫假死性和趋光性，实行灯光诱捕和人工捕杀。

6.2.3 二纹柱萤叶甲

春季当成虫出现时，进行叶面喷施农药或采取农药拌种等方式捕杀幼虫；卵期进行中耕除草破坏卵块生态环境；在苦荞麦现蕾至开花始期进行妖姬防治，可用 80%敌敌畏乳油 1 000 倍液，或用 2.5%敌杀死乳油 1 500 倍液，或用 5%来福灵乳油 3 000～3 500 倍液，进行喷雾防治。

6.3　荞麦病害

6.3.1　轮纹病

应综合采取以下防治措施：

——田间清洁；

——加强田间管理；

——温汤浸种：先在冷水中浸 4 h～5 h，再在 50 ℃ 温水中浸泡 5 min；

——药剂防治：发病初期喷 0.5% 的波尔多液，或 65% 的代森锌 600 倍液。

6.3.2　褐斑病

应综合采取以下防治措施：

——清除田间病残植株；

——药剂拌种：用退菌特，按照种子量的 0.3%～0.5% 进行拌种；

——喷药防治：在田间发现病株时，用 40% 的复方多菌灵胶悬剂，75% 的代森锰锌可湿性粉剂，或 65% 的代森锌等杀菌剂 500 倍～800 倍液喷雾防治。

7　收获

以植株 80% 籽粒呈现本品种成熟色泽时收获。收获宜在早晨进行，割下的植株应就近码放，脱粒前后尽可能减少倒运次数，晴天脱粒后，籽粒应晾晒 4 h～5 h，干燥后贮藏。

附录 2 荞 麦
Buckwheat

中 华 人 民 共 和 国 国 家 标 准

GB/T 10458—2008

代替 GB/T10458—1989

前言

本标准代替 GB/T 10458—1989《荞麦》。

本标准与 GB/T 10458—1989 的主要技术差异如下：

——增加了荞麦的分类,将荞麦分为甜荞麦和苦荞麦两类；

——增加了甜荞麦与苦荞麦互混术语，修改了矿物质和杂质的定义；

——增加了苦荞麦的质量指标要求；

——将 5 个等级调整为 3 个等级；

——增加了标签标识。

本标准的附录 A 与附录 B 为规范性附录。

本标准由国家粮食局提出。

本标准由全国粮油标准化技术委员会归口。

本标准起草单位：国家粮食局科学研究院。

本标准主要起草人：谭斌、谭洪卓、田晓红、刘明。

本标准所代替标准的历次版本发布情况为：

——GB/T 10458—1989。

荞 麦

1 范围

本标准规定了荞麦的相关术语和定义、分类、质量要求和卫生要求、检验方法、检验规则、标签标识以及对包装、储存和运输的要求。

本标准适用于收购、储存、运输、加工和销售的商品荞麦。

2 规范性引用文件

下列文件中的条款通过本标准的引用而成为本标准的条款。凡是注日期的引用文件，其随后所有的修改单（不包括勘误的内容）或修订版均不适用于本标准，然而，鼓励根据本标准达成协议的各方研究是否可使用这些文件的最新版本。凡是不注日期的引用文件，其最新版本适用于本标准。

GB/T 5490 粮食、油料及植物油脂检验 一般规则

GB 5491 粮食、油料检验 扦样、分样法

GB/T 5492 粮油检验 粮食、油料的色泽、气味、口味鉴定

GB/T 5494 粮油检验 粮食、油料的杂质、不完善粒检验

GB/T 5497 粮食、油料检验 水分测定法

GB/T 5498 粮食、油料检验 容重测定法

3 术语和定义

下列术语和定义适用于本标准。

3.1

甜荞麦 common buckwheat（Fagopyrum esculentum）

瘦果较大，三棱形，棱角锐，皮黑褐色或灰褐色，表面

与边缘平滑。

3.2

苦荞麦　tartary buckwheat（Fagopyrum tataricum）

鞑靼荞麦

瘦果较小，顶端矩圆，棱角钝、多有腹沟、皮黑色或灰色、粒面粗糙、无光泽。

3.3

容重　test weight

净荞麦籽粒在单位容积内的质量，以克每升（g/L）表示。

3.4

不完善粒　unsound kernel

受到损伤但尚有食用价值的颗粒，包括虫蚀粒、破损粒、生霉粒、病斑粒、生芽粒几种。

3.4.1

虫蚀粒　injured kernel

被虫蛀蚀，伤及胚或胚乳的颗粒。

3.4.2

破损粒　broken kernel

果皮脱落的完整籽粒及压扁、破碎，伤及皮壳、胚或胚乳的颗粒。

3.4.3

生霉粒　moldy kernel

粒面生霉的颗粒 。

3.4.4

病斑粒　spotted kernel

粒面带有病斑，伤及胚或胚乳的颗粒。

3.4.5

生芽粒　sprouted kernel

芽或幼根突破表皮，芽不超过本颗粒长度的颗粒，或有生芽痕迹的颗粒。

3.5

杂质　foreign matter

除荞麦籽粒以外的其他物质，包括筛下物、无机杂质和有机杂质。

3.5.1

筛下物　material passed sieve

通过直径 2.5 mm 圆孔筛的物质。

3.5.2

无机杂质　inorganic impurity

砂石、煤渣、砖瓦块、金属物等矿物质及其他无机物质。

3.5.3

有机杂质　organic impurity

无使用价值的荞麦粒、异种粮粒及鼠、鸟粪便等其他有机物质。

3.6

色泽、气味　colour and odour

一批荞麦固有的综合颜色、光泽和气味。

3. 7

甜荞麦与苦荞麦互混 content of mixed common buckwheat or tartary buckwheat

甜荞麦中混入苦荞麦的质量分数，反之亦然。

4 分类

4.1 荞麦分为甜荞麦和苦荞麦两类。

4.2 甜荞麦分为大粒甜荞麦和小粒甜荞麦两类。

——大粒甜荞麦：亦称大棱荞麦。留存在 4.5 mm 圆孔筛的筛上部分不小于 70%的甜荞麦。

——小粒甜荞麦：亦称小棱荞麦。留存在 4.5 mm 圆孔筛的筛上部分小于 70%的甜荞麦。

5 质量要求和卫生要求

5.1 质量要求

各类荞麦按容重定等，质量要求见表1。

5.2 卫生要求

卫生指标与植物检疫项目按国家标准和有关规定执行。

表 1 荞麦质量要求

等级	容量/（g/L）			不完善粒/%	互混/%	杂质/%		水分/%	色泽、气味
	甜荞麦		苦荞麦			总量	矿物质		
	大粒甜荞麦	小粒甜荞麦							
1	≥640	≥680	≥690	≤3.0	≤2.0	≤1.5	≤0.2	≤14.5	正常
2	≥610	≥650	≥660						
3	≥580	≥620	≥630						
等外	<580	<620	<630	—					

注："—"为不要求

6 检验方法

6.1 扦样、分样：按 GB 5491 规定执行。

6.2 容重测定：按 GB/T 5498 规定执行其中清理杂质时，上层筛采用孔径为 4.5 mm 圆孔筛，下层筛采用孔径为 1.5 mm

圆孔筛。

6.3　杂质、不完善粒测定：按 GB/T 5494 规定执行。

6.4　水分测定：按 GB/T 5497 规定执行。

6.5　色泽、气味测定：按 GB/T 5492 规定执行。

6.6　甜荞麦与苦荞麦互混含量的测定：按附录 A 执行。

6.7　甜荞麦大、小粒的测定：按附录 B 执行。

7　检验规则

7.1　检验的一般规则按 GB/T 5490 规定执行。

7.2　检验批为同种类、同产地、同收获年度、同运输单元、同储存单元的荞麦。

7.3　判定规则：容重应符合表 1 中相应等级的要求，其他指标按国家有关规定执行。容重低于三等，其他指标符合表 1 规定的，判定为等外荞麦。

8　标签标识

应在包装物上或随行文件中注明产品的名称、类别、等级、产地、收获年度和月份。

9　包装、储存和运输

9.1　包装

包装应清洁、牢固、无破损，封口严密、结实、不应撒漏，不应给产品带来污染和异常气味。

9.2　储存

应储存在清洁、干燥、防雨、防潮、防虫、防鼠、无异味的仓库内，不应与有毒有害物质或水分较高的物质混存。

9.3　运输

应使用符合卫生要求的运输工具和容器运送，运输过程中应注意防止雨淋和污染。

附 录 A

（规范性附录）

甜荞麦与苦荞麦互混含量的测定

A.1 仪器和用具

A.1.1 天平：分度值 0.1 g。

A.1.2 谷物选筛。

A.1.3 电动筛选器。

A.1.4 分样器、分样板。

A.1.5 分析盘、镊子等。

A.2 试样的制备

将扦取的 500 g 样品拣出大型杂质，再经 2.5 mm 圆孔筛过筛，取筛上物作为检验样品。

A.3 操作步骤

用分样器或用四分法分取制备好的苦荞麦（或甜荞麦）样品约 50 g，称量（m）后置于分析盘中，用镊子拣出甜荞麦（或苦荞麦），称量（m），计算其质量分数。

A.4 结果表示

甜荞麦与苦荞麦互混含量按式（A.1）计算，以质量分数（%）表示：

$$X = \frac{m_1}{m} \times 100 \qquad （A.1）$$

式中：

    X——甜荞麦（或苦荞麦）互混含量，%；

    m_1——检出的甜荞麦（或苦荞麦）质量，单位为克（g）；

m——试样质量，单位为克（g）。

A.5　允许差

双试验允许差不超过 0.5%，取其平均数，即为检验结果，计算结果保留小数点后一位。

附 录 B

（规范性附录）

大、小粒甜荞麦的测定

B.1 仪器和用具

B.1.1 天平；分度值 0.1 g。

B.1.2 谷物选筛。

B.1.3 电动筛选器。

B.1.4 分样器、分样板。

B.1.5 分析盘、镊子等。

B.2 试样的制备

将扦取的 500 g 样品拣出大型杂质，再经 2.5 mm 圆孔筛过筛，取筛上物作为试样。

B.3 操作步骤

用分样器或用四分法分取制备好的样品约 200 g，称量（m）后放于直径 4.5 mm 圆孔筛上，按 GB/T 5494 杂质筛选法用电动筛选器或手筛法，进行筛选，然后称量留存 4.5 mm 圆孔筛上的荞麦质量（m_1），计算其质量分数。

B.4 结果表示

筛上留存荞麦的量按式（B.1）计算，以质量分数（%）表示：

$$X = \frac{m_1}{m} \times 100 \qquad （B.1）$$

式中：

X——筛上留存荞麦的量，%；

m_1——留存 4.5 mm 圆孔筛上荞麦质量，单位为克（g）；

m——试样质量，单位为克（g）。

B.5　允许差

双试验允许差不超过 0.5%，取其平均数，即为检验结果，计算结果保留小数点后一位。

附录3 绿色农产品 苦荞麦生产操作规程

山西省长治市农业地方规范

DB140400/T 013—2004

前言

本标准附录 A 为资料性附录。

本标准由山西省长治市农业标准化技术委员会提出；

本标准起草单位：沁源县农业局；

本标准主要起草人：裴庆霞、李春燕、李　伟、韩艳萍、李文斌；

本标准于 2004 年 8 月 9 日首次发布。

绿色农产品　苦荞麦生产操作规程

1　范围

本标准规定了绿色农产品苦荞麦生产的基本要求、选地、整地、选种及种子处理播种、田间管理、病虫害防治、收获、运输、贮藏的要求。

本标准适应于山西省长治市行政区域内的苦荞麦的生产。

2　规范性引用文件

下列文件中的条款通过本标准的引用而成为本标准的条款。凡是注日期的引用文件，其随后所有的修改单（不包括勘误的内容）或修订版均不适用于本标准，然而，鼓励根据本标准达成协议的各方研究是否可使用这些文件的最新版本。凡是不注日期的引用文件，其最新版本适用于本标准。

GB/T 4404.4—1999　粮食作物种子　荞麦

GB/T 10458—1989　荞麦

NY/T 391—2000　绿色食品　产地环境技术条件

NY/T 393—2000　绿色食品　农药使用准则

NY/T 394—2000　绿色食品　肥料使用准则

3　基本要求

3.1　产地环境

应符合 NY/T 391—2000 绿色食品　产地环境技术条件的规定。

3.2　农药使用准则

应符合 NY/T 393—2000 绿色食品　农药使用准则的规定。

3.3 肥料使用准则

应符合 NY/T 394—2000 绿色食品 肥料使用准则的规定。

4 选地、整地

4.1 选地

苦荞麦对土壤的适应性较强,多在高寒山区种植,要选择符合 NY/T 391—2000 绿色食品产地环境技术要求的结构良好、有机质丰富、养分充足、保水保肥能力强、通气良好的土壤最为适宜。不宜选用粘重、易板结或碱性较强的土壤。

4.2 耕作整地

4.2.1 秋深耕施肥

应及早进行秋深耕,耕深 25 cm 以上,可结合深耕每 666.7 m^2 施经高温腐熟的优质农家肥 3 000 kg,耕后耙耱保墒。

4.2.2 春季浅耕耙耱

早春顶凌耙耱,播前浅耕,耕深 15 cm,结合浅耕每 666.7 m^2 施 30 kg 过磷酸钙和 30 kg 碳酸氢铵,耕后耙耱,达到地面平整,土壤细碎,无坷垃,无杂草,无沟壕,上虚下实。

5 选种及种子处理

5.1 选择优种

应根据当地的生态条件,选用通过省级认定的并在当地示范成功的优质、高产、多抗的苦荞麦品种,种子质量应符合 GB 4404.4—1999 的有关规定。

5.2 种子处理

5.2.1 晒种

晒种宜选择在播种前 7 d ~ 10 d 的晴朗天气,将苦荞麦种子薄薄地摊在向阳干燥的地上或席子上,每天从 10 时 ~ 16 时晒 2 d ~ 3 d。晒种时要不断翻动,使种子晒匀,晒透。

5.2.2　选种

采用风选、筛选等机械物理方法，选用大而饱满的种子，提高种子的发芽率和发芽势。

5.2.3　浸种

用 40 ℃ 温水浸种 10 分钟，捞出后摊在地上晾干。

5.2.4　药剂拌种

用 50% 辛硫磷按种子量的 0.1% ~ 0.2% 拌种，拌匀后堆闷 3 h ~ 4 h，晾干使用，防治地下害虫。

6　播种

6.1　播期

一般选在 6 月中、下旬，土壤 5 cm 处地温稳定在 12 ℃ 以上时进行播种。

6.2　播量

每 666.7 m² 播种 2.5 kg ~ 3 kg 为宜。

6.3　播种方式

耧播或犁播，行距 30 cm ~ 33 cm。

6.4　播深

播种深度一般为 3 cm ~ 4 cm，根据土壤墒情适当调整。

6.5　镇压

播种后适度镇压，以利出全苗。

7　田间管理

田间管理，分为 3 个阶段。即前期管理、中期管理、后期管理。

7.1　前期管理（出苗—开花期）

7.1.1　查苗补种

出苗后，立即检查出苗情况，发现缺苗断垄，立即催芽补种。

7.1.2 间苗、定苗

幼苗长出第一片真叶时进行疏苗,去弱留壮,株距约 4 cm~5 cm,每 666.7 m² 留苗 5 万~6 万株为宜。肥地宜稀植,旱薄地适当密植。

7.1.3 中耕除草

苗期进行 2 次~3 次中耕除草。播种后遇雨,土壤易板结,应浅锄 1 次,助苗出土;结合间苗进行第二次中耕;开花前进行第三次中耕并进行培土,促进不定根的生长,也便于排灌。开花后不宜中耕以免损伤植株。

7.2 中期管理(开花—盛花期)

7.2.1 追肥

初花期每 666.7 m² 追尿素 10 kg,促进植株健壮发育。

7.2.2 人工辅助授粉

在气候条件不利于苦荞麦授粉和养蜂业不发达的情况下,可采用人工辅助授粉。人工辅助授粉可在盛花期上午 9:00—11:00 进行。方法是用一条较软的布,两端系上绳子,由 2 人各拉一端,让布在植株顶部拂过,轻轻晃动植株,或用竹竿,在荞麦植株上来回拂动,振动植株,辅助授粉,每隔 2 d~3 d 一次。

7.3 后期管理(盛花—成熟期)

发现叶片变黄,植株脱肥时可用1%的尿素水溶液和0.2%的磷酸二氢钾溶液喷洒。每 666.7 m² 喷 50 kg。

8 病虫害防治

荞麦上的主要病害有荞麦立枯病、轮纹病、褐斑病、霜霉病;主要虫害有荞麦勾翅蛾、粘虫、地下害虫(蝼蛄、蛴蛴、地老虎）等。

8.1　农业防治

选用抗病品种；深耕轮作；清除田间病残株。

8.2　药剂防治

药剂防治要按照 NY/T 393—2000《绿色食品　农药使用准则》的规定。不同的病虫害选用不同的药剂进行防治。

8.2.1　病害防治

荞麦立枯病防治用 65% 的代森锰锌可湿性粉剂 600 倍 ~ 800 倍液或甲基托布津 1000 倍 ~ 1200 倍液喷雾，隔 7 d ~ 10 d 喷一次，连喷 2 次 ~ 3 次；荞麦轮纹病、褐斑病的防治用 1：1：100 的波尔多液或 65% 的代森锌 700 倍液；50% 的多菌灵胶悬剂 500 ~ 800 倍液喷雾；霜霉病防治用 75% 百菌清 700 倍 ~ 800 倍液喷施。

8.2.2　虫害防治

荞麦钩刺蛾、粘虫防治掌握在幼虫 3 龄前，用 2.5% 溴氰菊酯 3500 倍 ~ 4000 倍液或辛硫磷 1500 倍液或万灵等喷雾防治。隔 7 d 喷一次，连喷 2 次 ~ 3 次。

9　适时收获

植株有 2/3 籽实呈现黑褐色时，即为适时收获期。若遇霜害应立即收获，若有大风预报，应抓紧抢收。收获最好在早晨露水未干时进行，收获应轻割轻放，以减少落籽。

10　运输、贮藏

10.1　运输

运输工具要清洁、干燥、有防雨设施。严禁与有毒、有害、有腐蚀性、有异味的物品混运。

10.2　贮藏

应在避光、低温、清洁、干燥、通风，无虫害和鼠害的仓库储藏。

附 录 A

（资料性附录）

绿色苦荞麦标准化生产操作歌

入世农业新挑战，农业调产最关键
发展绿色创特色，狠抓有机农作物
长治杂粮苦荞麦，绿色品牌要叫响
种植远离污染区，天然纯真品质优
绿色生产要搞好，规范操作最重要
秋季深耕整好地，春季播前要浅耕
选择优良新品种，抗病抗虫能增效
科学施肥是关键，有机肥料挑重担
亩施农肥一百担，坚决不施硝态氮
播期根据气候定，适宜六月中下旬
播种深浅看水分，每亩留苗六七万
前期注意早中耕，花期喷肥防倒伏
绿色植保有原则，时刻不忘要牢记
首要预防和测报，综合防治效果好
剧毒高毒严禁用，生物农药最可靠
收获时节严把关，产品质量要精选
贮存加工要科学，晾晒通风加烘干
订单农业到农户，合同履行要兑现
效益明显成倍增，农民朋友笑开颜

附录4 苦荞麦有机种植技术规程

安徽省地方标准
DB 34/T 1316—2010

前 言

本标准按照 GB/T 1.1—2009 给出的规则起草。

本标准由安徽省大地食品有限公司企管办提出并起草。

本标准由枞阳县标准计量质量协会协助起草。

本标准主要起草人:胡南琴、周礼胜、丁红。

苦荞麦有机种植技术规程

1 范围

本标准规定了有机苦荞麦的术语和定义、产区环境、种子、种植管理、采收。

本标准适用于有机苦荞麦的种植技术。

2 规范性引用文件

下列文件对于本文件的应用是必不可少的。凡是注日期的引用文件，仅所注日期的版本适用于本文件。凡是不注日期的引用文件，其最新版本（包括所有的修改单）适用于本文件。

GB 3095—1996 环境空气质量标准

GB 5084 农田灌溉水质标准

GB 9137 保护农作物的大气污染物最高允许浓度

GB 15618—1995 土壤环境质量标准

3 术语和定义

下列术语和定义适用于本文件。

3.1 有机苦荞麦

按照有机农产品生产相关规定种植所获得的苦荞麦产品。

3.2 常规苦荞麦

未按照有机农产品生产规定种植所获得的苦荞麦产品。

3.3 轮作

也称换茬，是指在同一地块上逐年轮换种植不同的作物或者采用不同种植方式。

3.4 基肥

基肥是作物播种或定植前结合土壤耕作施用的肥料。

3.5 种肥

播种同时施下或与种子拌混的肥料。

3.6 追肥

植物生长期间为调节植物营养而施用的肥料。

4 产地环境

4.1 产地选择

苦荞麦有机种植产地范围边界应清晰，产地内的环境质量应符合以下要求：

a）土壤环境质量符合 GB 15618—1995 中的二级标准。

b）农田灌溉用水水质符合 GB 5084 的规定。

c）空气质量符合 GB 3095—1996 中二级以上标准。

d）大气污染物最高允许浓度应符合 GB 9137 的规定。

e）进行有机种植的产地不得使用化学肥料和化学农药，当年可进行有机转换产品认证，经二年转换期后可进行有机产品认证。

4.2 环境要求

苦荞麦有机种植产地应远离城市，距城区、工矿区和生活垃圾场最近距离不得小于 10 km，距交通主干线不得小于 5 km，距工业污染源不得小于 30 km。上风源不得有烟尘污染源，上水源不得有污水源。

4.3 缓冲带

如果选择的产地符合 4.1 的要求，但产地周围有常规种植区域或有污染源，必须在有机生产区与常规生产区之间设置缓冲带或物理障碍物，保证有机产地不受污染。

4.4　栖息地

在有机生产区域周边设置天敌的栖息地,提供天敌活动、产卵和寄居的场所,提高生物多样性和自然控制能力。

4.5　转换期

苦荞麦属一年生草本作物,有机种植转换期为 24 个月,转换期内的种植要求必须执行本标准。

4.6　平行生产

如果同一种植地块存在平行生产,应明确平行生产的植物品种,并制订和实施平行生产、收获、储藏和运输的计划,具有独立和完整的记录体系,能明确区分有机产品与常规产品(或有机转换产品)。

4.7　轮作

苦荞麦有机种植需要轮作,即在选定的产地不得连续种植苦荞麦,应采取苦荞麦与豆科作物轮作方式,达到恢复土壤肥力,平衡植物营养均衡吸收的目的。

5　种子

5.1　选种

如市场上无法获得有机种子时,可以选用未经禁用物质处理过的常规种子,保留成熟饱满的种子,剔除杂粒、空粒、秕粒及其它杂质,千粒重≥18 g。

5.2　晒种

播种前 2～3 天晒种,杀灭细菌,促进种子体内酶的活性,使种子播入土中能及时吸水膨胀,提高出苗率。

6　种植管理

6.1　播种期

春季苦荞麦种植在每年的 2 月 20 日—3 月 10 日;秋季 8

月 10 日—8 月 30 日。

6.2 播前准备

将地块清理干净，耕松土壤，打细整平保墒，开沟宽度 50 cm，深度 20 cm，厢面宽度 8 m ~ 10 m 为宜。

6.3 播种

苦荞麦有机种植一般采取点播和条播。

6.3.1 点播

点播规格为 20 cm×26 cm 左右，播种量为 60 kg/hm² ~ 75 kg/hm²，播种后用种肥盖种，覆盖厚度 2 cm 为宜。

6.3.2 条播

苦荞麦条播行距 28 cm ~ 30 cm，播种量为 60 kg/hm² ~ 75 kg/hm²，播种深度 2 cm 为宜，播种后用种肥盖种。

6.4 施肥

6.4.1 基肥

苦荞麦播种前，将农家土杂肥直接施于条播沟或点播窝内，农家土杂肥施用量为 7 500 kg/hm² ~ 10 500 kg/hm²，作为苦荞麦生长的基肥。

6.4.2 追肥

a）苦荞麦出苗后，幼苗 2 ~ 3 片真叶时，结合第一次中耕除草，追施人畜粪肥，用水稀释，粪水比例为 1 : 10。

b）当苦荞麦苗达 5 ~ 7 片真叶（现蕾前），结合第二次中耕除草，追施人畜粪肥，用水稀释，粪水比例为 1 : 5。

6.5 培土

苦荞麦第二次中耕除草时，应结合中耕进行培土，培土高度应根据植株高矮，植株较高的适当培高些，植株较矮的培低些，一般培土高度 10 cm ~ 17 cm 为宜，防止植株后期倒伏。

6.6　中耕除草

第一次中耕除草应选择在苦荞麦幼苗 2～3 片真叶时进行，因嫩苗较小，根系开始发育，尚不发达，可以深耕，深度 7 cm～10 cm 为宜。第二次中耕除草应选择在苦荞麦苗达 5～7 片真叶（现蕾前），此时根系发达，锄草不易过深，避免破坏根系，结合第二次追肥、培土，促进苦荞麦迅速生长，形成壮苗。

6.7　灌溉

苦荞麦怕涝怕旱，尤其是开花结籽时旱、涝都会减产，应特别注意土壤墒情，干旱时及时向沟内灌水，以不满过厢面为宜。连续降雨时应及时排除沟内积水。

6.8　打叶防倒

6.8.1　总则

苦荞麦生长至花期，一是叶片明显增大，过多吸收养分；二是叶片呈水平伸展，遮光荫蔽，通风透光性差，分枝少，花序、花蕾难以分化；三是茎叶茂盛头重脚轻宜倒伏。因此，苦荞麦生长过旺时应适时打叶。

6.8.2　打叶的长势标准

苦荞麦现蕾前后，植株 5～7 片真叶，株高 30 cm 以上，叶片大而且浓绿、密集，行间遮光严重，茎叶柔软多汁，就是旺苗现象，必须打叶。

6.8.3　打叶标准和时间

打去植株上部 2～3 个大叶片，每隔 5 天打叶一次，一般打叶 2～3 次，特别旺苗打叶 4 次。

6.9　病害防治

苦荞麦常见病害主要是轮纹病、褐斑病、白霉病、立枯病，在苦荞麦苗期时，选择晴天的上午，用 1：200 波尔多液叶面喷洒，7~10 天喷洒一次，连续 2~3 次，可以有效防治。

6.10 虫害防治

苦荞麦在生长过程，应充分利用自身的抗性，综合运用各种防治措施，创造不利于病虫害发生而有利于各类天敌繁衍的环境，保持农业生态系统的平衡和生物多样化，优先采用农业措施，如培育壮苗、植株打叶、中耕除草等。尽量利用灯光、气味等物理方法诱杀害虫。苦荞麦的主要虫害是二纹柱萤叶甲、粘虫、钩刺蛾、草地螟和地老虎等。

二纹柱萤叶甲：虫体近椭圆形，体背凸起，鞘翅及前胸背板具光泽，喜食叶片及花序。防治方法：

利用中耕除草时破坏产卵环境，可以达到控制虫害。

a）粘虫：又称五花虫，成虫淡黄褐或淡灰褐色，前翅中央有淡黄色斑 2 个及白点 1 个，翅的外缘有 7 个小黑点，前翅顶角有一条黑色斜纹，后翅前缘基部雌蛾有翅僵 3 根，雄蛾 1 根。喜食茎叶和花序。防治方法：成虫捕捉和采卵灭杀，成虫用草把涂糖、醋或酒诱杀，用草把诱成虫产卵后带出烧毁。

b）钩刺蛾：又叫苦荞麦卷叶虫，成虫淡黄褐色，前翅淡黄，贤形斑明显，在翅中部到胫部有 3 条"人"状褐色细纹，顶角有一短斜线，后翅灰白色。喜食叶、花、果。防治方法：清洁产地，实行深耕。灯光诱杀与人工捕捉相结合。

c）草地螟：又叫黄绿条螟，喜食叶、花、果。防治方法：因其黄昏后群飞习性，趋光性强，采用灯光诱杀效果最好。

d）地老虎：成虫触角雌蛾丝状，雄蛾触角双栉齿状，分支渐短仅达触角之半，端部则为丝状，前翅前缘颜色较深，后翅背面白色，后翅前缘附近黄褐色。主要危害根或幼苗。

防治方法：利用中耕除草消灭虫卵，用黑光灯，糖、醋、酒诱蛾液内加入烟碱，或用苦楝子发酵液，或用杨树枝、泡桐叶来诱杀成虫。

7　采收

7.1　采收时间

春播苦荞麦一般在 5 月 10—30 日收获，秋播苦荞麦一般在 11 月 1—20 日收获。

7.2　采收标准

苦荞麦具有边生长边开花结籽的特性，先结籽先成熟，因此，采收标准一般以 80% 的籽粒成熟为宜。一般在早晨收获较好，最好是在下雨之后采收，此时籽粒不宜脱落，保证产量，避免损失。

7.3　采收方法

苦荞麦收获目前尚无机械收割，一般采用人工收割，机械脱粒。苦荞麦籽粒在收割时水分含量为 14%～16%，要及时晒干，除去杂质、碎杆、碎叶等，便于贮藏。

7.4　污染防范

有机苦荞麦收获时，要确保收割工具、凉晒工具、包装物品避免污染，禁止使用化肥、农药及其它有毒有害有污染的包装物品包装有机苦荞麦。

附录 5 绿色食品 荞麦及荞麦粉
Green food-buckwheat and buckwheat flour

前言

本标准按照 GB/T 1.1—2009 给出的规定起草。

本标准代替 NY/T 894—2004《绿色食品 荞麦》。与 NY/T 894—2004 相比，除编辑性修改外，主要技术变化如下：

——修改了标准名称，改为《绿色食品 荞麦及荞麦粉》；

——修改了适用范围，增加了荞麦米、荞麦粉；

——修改了术语和定义；

——修改了荞麦感官要求，增加了荞麦米、荞麦粉的感官要求；

——修改了荞麦理化指标，增加了荞麦米、荞麦粉的理化指标要求；

——修改了卫生指标，删除了氟、对硫磷、马拉硫磷、氰化物，增加了铬、溴氰菊酯、氧乐果、辛硫磷、赭曲霉毒素 A，修改了镉、乐果、敌敌畏限量值。

本标准由农业部农产品质量安全监管局提出。

本标准由中国绿色食品发展中心归口。

本标准起草单位：中国科学院沈阳应用生态研究所。

本标准主要起草人：王莹、郭璇贾垚、王颜红、林桂凤、王瑜、孙辞。

本标准的历次版本发布情况为：

——NY/T894—2004。

绿色食品　荞麦及荞麦粉

1　范围

本标准规定了绿色食品荞麦及荞麦粉的术语和定义、分类、要求、检验规则、标志和标签、包装、运输和贮存。

本标准适用于绿色食品荞麦、荞麦米、荞麦粉。

2　规范性引用文件

下列文件对于本文件的应用是必不可少的。凡是注日期的引用文件，仅注日期的版本适用于本文件。凡是不注日期的引用文件，其最新版本（包括所有的修改单）适用于本文件。

GB 5009.3　食品安全国家标准　食品中水分的测定

GB/T 5009.11　食品中总砷及无机砷的测定

GB 5009.12　食品安全国家标准　食品中铅的测定

GB/T 5009.15　食品中镉的测定

GB/T 5009.17　食品中总汞及有机汞的测定

GB/T 5009.36　粮食卫生标准的分析方法

GB/T 5009.102　植物性食品中辛硫磷农药残留量的测定

GB/T 5009.110　植物性食品中氯氰菊酯、氰戊菊酯和溴氰菊酯残留量的测定

GB/T 5009.123　食品中铬的测定

GB/T 5009.145　植物性食品中有机磷和氨基甲酸酯类农药多种残留的测定

GB/T 5492　粮油检验　粮食、油料的色泽、气味、口味鉴定

GB/T 5494　粮油检验　粮食、油料的杂质、不完善粒检验

GB/T 5498　粮油检验容重测定

GB/T 5505　粮油检验灰分测定法

GB/T 5508　粮油检验粉类粮食含砂量测定

GB/T 5509　粮油检验粉类磁性金属物测定

GB/T 5510　粮油检验粮食、油料脂肪酸值测定

GB 7718　食品安全国家标准　预包装食品标签通则

GB/T 10458　荞麦

GB 13122　面粉厂卫生规范

GB/T 18979　食品中黄曲霉毒素的测定　免疫亲和层析净化高效液相色谱法和荧光光度法

GB/T 20770　粮谷中 486 种农药及相关化学品残留量的测定　液相色谱-串联质谱法

GB/T 23502　食品中赭曲霉毒素 A 的测定　免疫亲和层析净化高效液相色谱法

JJF 1070　定量包装商品净含量计量检验规则

NY/T 391　绿色食品　产地环境质量

NY/T 393　绿色食品　农药使用准则

NY/T 394　绿色食品　肥料使用准则

NY/T 658　绿色食品　包装通用准则

NY/T 1055　绿色食品　产品检验规则

NY/T 1056　绿色食品　贮藏运输准则

国家质量监督检验检疫总局令 2005 年第 75 号　定量包装商品计量监督管理办法

中国绿色食品商标标志设计使用规范手册

3　术语和定义

GB/T 10458 界定的以及下列术语和定义适用于本文件。

3.1

荞麦米 buckwheat

荞麦果实脱去外壳后得到的含种皮或不含种皮的籽粒。

3.2

荞麦粉　buckwheat flour

亦称荞麦面。荞麦经清理除杂去壳后直接碾磨成的粉状产品。

3.3

大粒甜荞麦 large grain common buckwheat

亦称大棱荞麦。留存在 4.5 mm 圆孔筛的筛上部分不小于70%的甜荞麦。

3.4

小粒甜荞麦 small grain common buckwheat

亦称小棱荞麦。留存在 4.5 mm 圆孔筛的筛上部分小于70%的甜荞麦。

4 分类

荞麦分为甜荞麦（大粒甜荞麦、小粒甜荞麦）和苦荞麦。

5 要求

5.1　产地环境

应符合 NY/T 391 的规定。

5.2　原料

原料生产应符合 NY/T 393、NY/T 394 的规定。

5.3　加工环境

应符合 GB 13122 的规定。

5.4　感官要求

5.4.1　荞麦

具有该产品固有的形状，籽粒饱满、无霉变，同时应符合表 1 的规定。

表 1 荞麦的感官要求

项　　目	要　　求	检测方法
色泽	具有产品的色泽	GB/T 5492
气味	无异味	GB/T 5492

5.4.2 荞麦米、荞麦粉

具有该产品固有的形状；色泽、气味正常，无异味，按照 GB/T 5492 的规定执行。

5.5 理化指标

5.5.1 荞麦及荞麦米

应符合表 2 的规定。

表 2 荞麦及荞麦米的理化指标

项目		指标		检测方法
		荞麦	荞麦米	
容重， g/L	大粒甜荞麦	≥640	—	GB/T 10458 GB/T 5498
	小粒甜荞麦	≥680	—	
	苦荞麦	≥690	—	
水分，%		≤14.5		GB 5009.3
不完善粒，%		≤3.0		GB/T 5494
互混，%		≤2.0		GB/T 10458
杂质总量，%		≤1.5	≤0.7	GB/T 5494
矿物质，%		≤0.2	≤0.02	GB/T 5494

5.5.2 荞麦粉

应符合表 3 的规定。

表 3　荞麦粉的理化指标

项目	指标	检测方法
灰分（以干基计），%	≤2.2	GB/T 5505
水分，%	≤14.5	GB 5009.3
含砂量，%	≤0.02	GB/T 5508
磁性物质，g/kg	≤0.003	GB/T 5509
脂肪酸值（干基）（以 KOH 计），mg/100 g	≤60	GB/T 5510

5.6　污染物和农药残留限量

污染物和农药残留限量应符合食品安全国家标准及相关规定，同时应符合表 4 的规定。

表 4　污染物、农药残留限

项目	指标	检测方法
总砷，mg/kg	≤0.4	GB/T 5009.11
汞，mg/kg	≤0.01	GB/T 5009.17
辛硫磷，mg/kg	≤0.01	GB/T 5009.102
乐果，mg/kg	≤0.01	GB/T 5009.145
氧乐果，mg/kg	≤0.01	GB/T 20770
敌敌畏，mg/kg	≤0.01	GB/T 5009.145
溴氰菊酯，mg/kg	≤0.01	GB/T 5009.110
磷化物，mg/kg	≤0.01	GB/T 5009.36
如食品安全国家标准及相关国家规定中上述项目和指标有调整，且严于本标准规定按最新国家标准及规定执行。		

5.7　净含量

应符合国家质量监督检验检疫总局令 2005 年第 75 号的规定，检验方法按照 JJF 1070 的规定执行。

6 检验规则

申报绿色食品的产品应按照本标准中 5.4～5.7 以及附录 A 所确定的项目进行检验。其他要求应符合 NY/T 1055 的规定。本标准规定的农药残留限量的检测方法如有其他国家标准、行业标准以及部文公告的检测方法，且其最低检出限能满足限量值要求时，在检测时可采用。

7 标志和标签

7.1 标志使用符合《中国绿色食品商标标志使用规范手册》。

7.2 标签应符合 GB 7718 的规定。

8 包装、运输和贮存

8.1 包装应符合 NY/T 658 的规定。

8.2 运输和贮存应符合 NY/T 1056 的规定。

附录 A

（规范性附录）

绿色食品　荞麦与荞麦粉产品申报检验项目

表 A.1 规定了除 5.4～5.7 所列项目外，按食品安全国家标准和绿色食品生产实际情况，绿色食品荞麦与荞麦粉申报检验还应检验的项目。

表 A.1　依据食品安全国家标准绿色食品荞麦与
荞麦粉申报检验必检项目

序号	项目	指标	检验方法
1	铅，mg/kg	≤0.2	GB 5009.12
2	镉，mg/kg	≤0.1	GB/T 5009.15
3	铬，mg/kg	≤1.0	GB/T 5009.123
4	黄曲霉毒素，μg/kg	≤5.0	GB/T 18979
5	赭曲霉毒素 A，μg/kg	≤5.0	GB/T 23502
如食品安全国家标准及相关国家规定中上述项目和指标有调整，且严于本标准规定，按最新国家标准及规定执行。			